2015年　2015（总第11册）

主管单位：中华人民共和国住房和城乡建设部
中华人民共和国教育部
主办单位：全国高等学校建筑学学科专业指导委员会
全国高等学校建筑学专业教育评估委员会
中国建筑学会
中国建筑工业出版社
协办单位：清华大学建筑学院　同济大学建筑与城规学院
东南大学建筑学院　天津大学建筑学院
重庆大学建筑与城规学院　哈尔滨工业大学建筑学院
西安建筑科技大学建筑学院　华南理工大学建筑学院

编　　辑：《中国建筑教育》编辑部
地　　址：北京海淀区三里河路9号　中国建筑工业出版社　邮编：100037
电　　话：010–58933415　010–58933813　010–58933828
传　　真：010–68319339
投稿邮箱：2822667140@qq.com

出　　版：中国建筑工业出版社
发　　行：中国建筑工业出版社
法律顾问：唐　玮

图书在版编目（CIP）数据

中国建筑教育.2015.总第11册/《中国建筑教育》编辑部编著.—北京：中国建筑工业出版社，2015.9

ISBN 978-7-112-18635-8

Ⅰ.①中… Ⅱ.①中… Ⅲ.①建筑学–教育–研究–中国 Ⅳ.①TU–4

中国版本图书馆CIP数据核字（2015）第262243号

开本：880×1230毫米 1/16　印张：$6\frac{1}{2}$
2015年9月第一版　2015年9月第一次印刷
定价：**25.00**元
ISBN 978–7–112–18635–8
（27938）

中国建筑工业出版社出版、发行（北京西郊百万庄）
各地新华书店、建筑书店经销
北京画中画印刷有限公司印刷
本社网址：http://www.cabp.com.cn　网上书店：http://www.china–building.com.cn
本社淘宝店：http://zgjzgycbs.tmall.com　博库书城：http://www.bookuu.com
请关注《中国建筑教育》新浪官方微博：@中国建筑教育_编辑部
请关注微信公众号：《中国建筑教育》

CHINA
ARCHITEC-
TURAL
EDUCATION
目录

CONTENTS

主编寄语

《中国建筑教育》总第11册，在11月全国高等学校建筑学专业院长系主任大会前和大家见面了。希望本册刊登的文章，能够在面向全国读者的同时，引起与会者的关注，成为参与会议的一个内容。

本册的内容覆盖了建筑教育的各个方面。本册特设专栏主题是“建筑历史与理论教学研究”。文章的来源是全国高等学校建筑学专业指导委员会建筑历史教学工作委员会在同济大学举办的“中外建筑史教学国际研讨会”。同济大学常青教授、卢永毅教授，华南理工大学吴庆洲教授，清华大学王贵祥教授，赖德霖教授，东南大学陈薇教授等各校建筑历史研究和教学的领军人物对于中外建筑历史教学的诸多问题进行了深入的思考和研究，特别是对建筑历史教学在建筑教育中的地位和作用，信息时代建筑历史教学的特色以及建筑历史教育的趋势和未来等问题的讨论，对于全国其他院校建筑历史的研究和教学将会起到引领作用。

本册的“建筑设计研究与教学”栏目，发表了昆明理工大学吴志宏、高蕾两位老师的文章，讨论了布扎体系和现代教学体系的转型，十分有意义。天津大学苑思楠等老师介绍了天津大学二年级实验班基于行为研究的建筑设计教学实践，很有创新意义和参考价值。北京工业大学李翔宇老师介绍的“MICE”模式下的建筑综合实验体验教学研究和实践，以建构为核心，强调体验，把基础理论和建造体验结合起来，是很有意义的教学实践。东南大学则在研究生实验教学中把设计和建造结合在竹构鸭寮课程中，也是很有新意的教学实践。从这几篇文章中我们可以看到各大院校在建筑设计教学中的思考和努力，这是一个可喜的现象。

“域外视野”栏目中介绍了对东京工业大学木建构教学的考察。作者辛塞波，是一位执业建筑师，他以建筑师的身份关心和研究教学，实在难能可贵。

“教学扎记”栏目中，北京建筑大学朱军老师对于建筑院校多专业共享美术基础教学平台问题的探讨，有普遍意义，对于正在从事这方面改革的许多学校有引领和示范作用。

“院线”栏目中，特邀昆明理工大学翟辉院长就地域性建筑教育做了阐述，文章辨析了“地域性建筑的教育”和“地域性的建筑教育”，把“地域性的建筑教育”和评估条件中的特色创造联系起来，是很好的办学思路。

通过以上导读，可以看到，全国建筑院校开始重视教师发表教学研究论文的好趋势。我们希望教育部在教师业绩评价中把教学研究论文作为科研成果来对待，也希望教师们把自己的教学研究成果总结并发表，为全国各校的教师提供参考。

《中国建筑教育》的出版周期越来越正常，这应该感谢全国建筑院校老师们的支持和呵护，感谢中国建筑工业出版社领导的支持和编辑部同仁的努力。祝愿《中国建筑教育》越办越好！

仲德崑

2015年9月

“传统的延续与转化是必要与可能的吗？”

——“建筑理论与历史（一）”课程的建构与思考

常青

An Exploration of Fundamental Issues in Teaching of Architectural History

■摘要：本文据2015中外建筑史教学国际研讨会主题发言修订增补而成，内容以讨论国家精品课程“建筑理论与历史（一）”为主，并包含研究生“中国建筑史”课程部分要点的解析。课程关注了“新史学”对建筑学的影响，拓展了传统问题观察和思考的视野，对建筑传统的价值和前景作了新的诠释。文中重点讨论了中国建筑史的一些关键命题和认知方法，如提出以方言区为参照划分风土匠作谱系，官式建筑演化与斗栱铺作的关系，以及中国传统建筑进化中的异质交融现象及其影响等。文末还讨论了中国近现代建筑演进的主脉。
■关键词：建筑传统　风土建筑　匠作谱系　官式建筑　异质交融　演化
Abstract: This paper is an overview on the national advanced course *History and Theory of Architecture (1)*. By emphasizing the influence from “New History” on the field of architectural history and theory, the vision upon the issues of architectural tradition is expanded and reinterpreted. In particular, it discusses a few pivotal themes concerning the architectural history of China, such as the method of vernacular zoning, the cognition of local crafts pedigrees, the tectonics of high style architecture, and the conflict and acculturation among various cultures with their different identities in architecture in and from out of China. In addition it also discusses the main line of Chinese architecture from early modern to contemporary times.
Key words: Architectural Tradition; Vernacular Architecture; Building Craft Pedigree; Hierarchy in High Style Building; Acculturation; Evolution

引子

同济大学的本科高年级课程“建筑理论与历史（一）、（二）”分两个学期讲授，在授课方式上也各有侧重。其中第一部分（常青主持）以中国传统建筑的特征及古今演化为主，并触及中外比较和语境分析；第二部分（卢永毅主持）以西方建筑的专题性解读为主，并关联到中国现代建筑语境。本文除了扼要介绍第一部分，也会涉及研究生的中国建筑史授课内容。

题目“传统的延续与转化是必要与可能的吗？”这个命题一直是建筑学的焦点问题之一，从某种意义上可能是永恒的主题，因为建筑学发展至今，始终无法割断其与传统的关联，即使在全球化迅猛发展的时代，只要环境、文化差异和身份认同存在，各国、各地的建筑传统便会以某种形式存在，传统与时尚的碰撞便会不时发生。因此这门课作为“理论建筑”（thinking architecture）的核心部分之一，本质上就是讨论传统与现代关系的学问。这样讲有几个缘由：

第一，建筑学是关于建成环境（built environment）的学问，而建成环境大致可分为“既存的”和“待建的”两大部分，研究建筑学首先需要搞清楚存量和增量的关系，去和留的关系，保存、翻建、新建和重建的关系（conservation，renovation，construction，reconstruction）。100年前威尔斯（Herbert George Wells）的“重建”预言和38年前柯林·罗（Colin Rowe）的“拼贴”史观，分别瞻顾了建成环境的两种历程和前景。

第二，建筑学不是纯科学，而是用科学的思想方法和技术的途径手段，解决建成环境的社会和文化问题，所以建筑学与规划学、景观学一样，均属于自然科学和人文、社会学科的交叉领域，是对建成环境演进历程及前景的体察、思考和作为。

第三，建筑学由设计、历史理论和技术科学三大板块构成，其中第二块虽然属理论范畴，是易被忽视的“务虚”部分，但也是迈向学科高端不可或缺的专业内功。所以就这门课的内容而言，可将歌德的隐喻——化身浮士德的Mephistopheles一句名言，“一切理论皆灰色，唯生命之树常青”，转化为一幅对子，“扎根本土，在地维度，理论历史作养分；关注古今，与古为新，建筑之树方常青”。

然而，对于建筑系是否要开设这样的专题性课程，实际上存在着不同看法。一种意见认为应将之变成选修课，甚至建议把有关教学材料或讲课录像放到网上，任由学生选学就行了，不必占用这么多的课内学时。这听来很有道理，似乎所有讲授知识的课程都可以实行网络化。但我们对这个问题的想法是，建筑历史与理论课不仅要讲授系统的知识，更要培养学生的历史意识和理论素养，对传统与现代的关系有系统的认知和理解，这样的教学目标需要在讲授的情景互动和观点、材料的随机变化中实现，而这是其他课程或网上学习所难以替代的。

因此，我们在建筑系课程体系中设置了有同济特色的建筑历史与理论课程系列。一年级起就有建筑通史课，要求学生大体了解中外建筑史的基本知识。接着在三年级结束时，有一个小学期的“历史环境实录”课程，这门实习课是对以往“传统建筑测绘”课的改革，即从单一的样式测绘，到文献检索和口述史调查，再到建筑病理的信息采集（对历史建筑保护工程专业有特别要求），增加了一些新的教学内容。然后是高年级的“建筑理论与历史”课，属于专题理论课程。到了研究生阶段，还有更为专题的建筑历史与理论系列课程（表1，表2）。

一、课程的史学背景

课名叫“建筑理论与历史”，并非“以论带史”的意思，而是从理论的视野和视角讨论建筑历史问题，也可看作专题建筑史论。从传统意义上的建筑历史教学看，在互联网时代，无论学生是在哪个地方、哪所学校学习，建筑史知识作为客观的历史信息都可轻易地从网络上获取，而将这些历史信息“转化”为提高学生分析力和批判力的系统教学资讯，变成专业训练的必要途径和精要教材，正是建筑历史课程教学的主要价值所在。然而在互联网不断扩充的海量信息面前，究竟应该教什么，怎样教，如何“转化”？这些都是对授课教师的挑战。本文尝试从内容及目标而非手段及工具的方面，讨论当代的建筑历史与理论教学问题。首先从历史观谈起。

20世纪后期史学界的焦点之一，是从历史观和方法论上对“宏大叙事”（以下简称“宏叙”）的质疑和批判，直接缘于对“现代性宏叙”的反思，柯尔孔（Alan Colquhoun）的历史主义话语和塔夫里的《建筑学的理论和历史》[1]，就是建筑历史理论领域对这一问题的经典回应。所谓“宏叙”，通常是指以某种主流价值观、规律、法则等为预设前提，形成理论范式的历史叙事。从18世纪温克尔曼（J. J. Winckelmann）的风格史范式——《古代艺术史》，到20世纪吉迪翁（S. Giedion）的现代建筑史范式——《空间、时间和建筑》，都是关于古今建筑史的“宏叙”经典。由于这种历史叙事一般都带有“历史决定论”的倾向，而这很可能将历史演进的复杂本相简单化或程式化，忽略历史的相对性和微观解读，因而在今天遭遇诘问和挑战，于是“普世”的价值取向发生了转向，从倚重“宏观历史”结构，转向了解析“微观历史”结点，放大细节以诠释历史的复杂性和丰富性。但是以实证为基础，宏观地把握历史整体走向的研究

建筑历史理论课程系列　　表1

课程名称	授课教师	课时	授课对象	课程名称	授课教师	课时	授课对象
建筑史	李浈、周鸣浩、钱锋、鲁晨海	51	本科一年级	近现代建筑理论与历史	王骏阳	36	研究生
城市阅读	伍江、刘刚	51	本科二年级	建筑与城市空间研究文献	郑时龄、沙永杰	36	研究生
文博专题	朱宇晖、钱宗灏	34	本科二年级	外国建筑史	卢永毅	36	研究生
艺术史	胡炜、李翔宁、王昌建	34	本科一年级	建筑设计中的历史向度	卢永毅	36	研究生
历史环境实录	李浈	3周	本科三年级	西方建筑历史理论经典文献阅读	王骏阳	36	研究生
建筑理论与历史（一）	常青	36	本科四年级	当代建筑师的理论与作品评述	李翔宁	36	研究生
历史建筑形制与工艺	李浈、钱锋	36	本科三年级	日本近现代建筑	沙永杰	36	研究生
建筑理论与历史（二）	卢永毅	36	本科四年级	上海建筑史概论	钱宗灏	36	研究生
建筑评论	郑时龄、章明	36	本科四年级	中德建筑比较	李振宇	36	研究生
材料病理学	戴仕炳	36		东亚城市历史发展	张冠增	36	研究生
保护技术	张鹏、鲁晨海	36	本科四年级	建筑城市比较文化论		36	研究生
保护概论	陆地	36	本科三年级	近现代西方艺术思潮与作品分析		36	研究生
中国建筑史	常青	36	研究生	中国园林史与造园理论	鲁晨海	36	研究生
中国营造法	李浈	36	研究生	Syllabus for Postgraduate	ZHANG Yonghe		
中国古代建筑文献	刘雨婷	36	研究生	An Introductory Course on Studies of Modern Chinese Architecture: Paradigms and Themes	HUA Xiahong WANG Kai		
中国传统建筑工艺	李浈	36	研究生	History of Architecture	ZHOU Minghao LI Yingchun		
建筑人类学	张晓春	36	研究生	Contemporary Architecture and Urbanism in China: Discourse and Practice	LI Xiangning HUA Xiahong ZHOU Minghao		
古建筑鉴定与维修	鲁晨海	36	研究生	Traditional Chinese Architecture	CHANG Qing LI Yingchun		
中国古典建筑考察	李浈	36	研究生				

建筑系课程体系框图中的理论线（灰色部分）　　表2

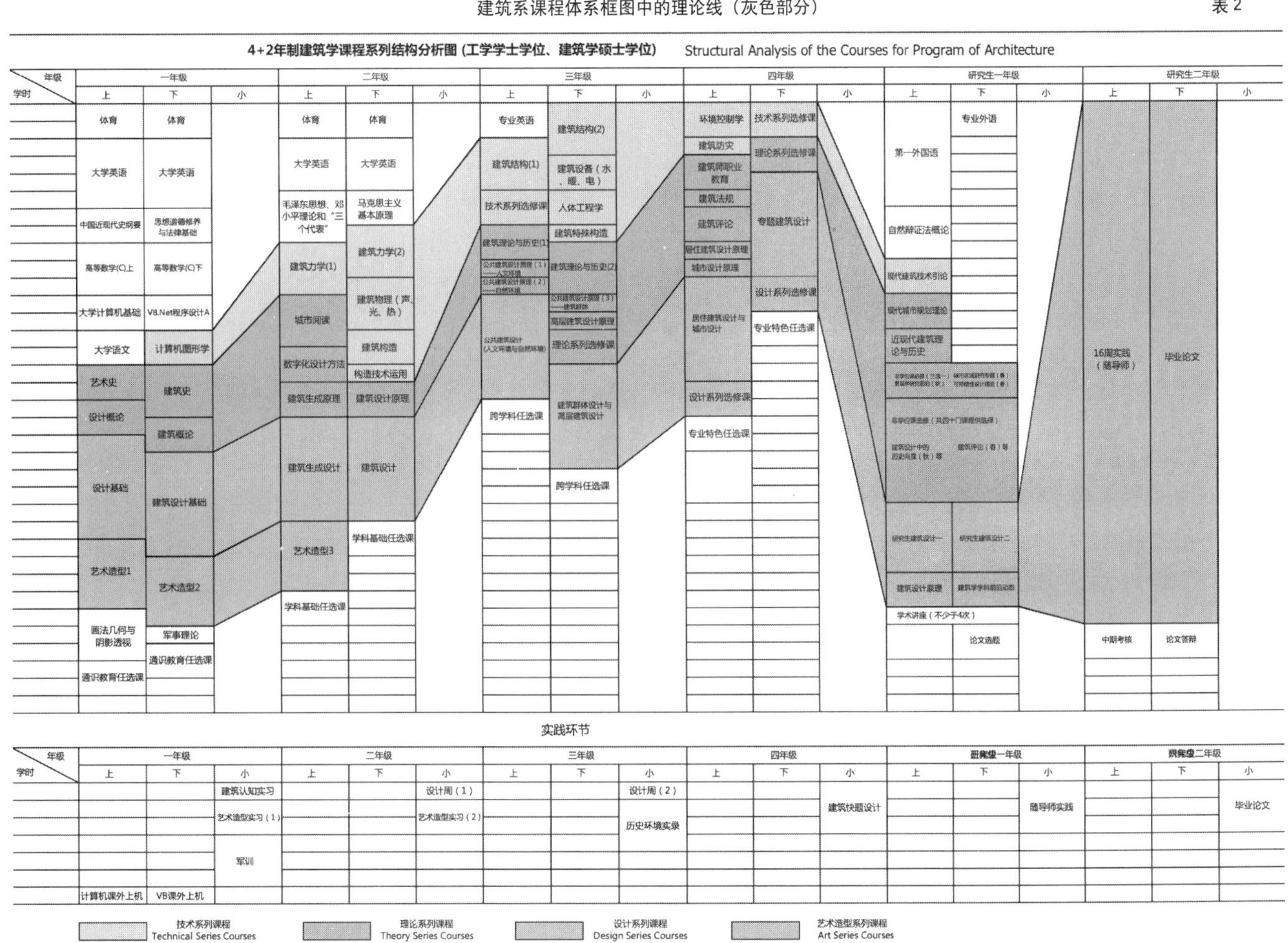

并非没有必要，而是必须要做且难度极高。又由于史实复原的相对性，叙述者主观性因素和视角的各异，微观解析复杂历史现象一样会有局限。处在这样一个凡事多趋于碎片化的时代，当我们质疑和摒弃“宏叙”历史时，似乎忘却了一切有意义的“微叙”，都是在“宏叙”的脉络中放大和展开的，也即深度的微观探究，一般都是建立在广度认知的基础之上，事实上没有广度何谈深度。因此以两分法将历史叙述简化为非此即彼的“宏叙”或“微叙”并不恰当，而关照整体、精耕一隅才是历史理论研究的理想状态。那么，在当今建筑历史的研究与教学中，如何既不局限于单一武断的“宏叙”体系，又不至仅仅提供支离破碎的知识片段，这显然是个棘手的挑战。

20 世纪后半叶的建筑史学研究有两个显著的变化趋势：其一，受到法国“年鉴学派”和“二战”后民粹思潮的影响，将对传统建筑关注的惯常重点，从“正宗”的经典建筑转向了“非正宗”（non-pedigree）的风土建筑；其二，与现代艺术史相伴随，将建筑史论的重点从纯粹的历史叙事，转向了历史与今日的关联话语，使历史语境中对现代建筑问题的诠释成为讨论的主角。而同济的建筑理论与历史课程体系就是在这样的理论背景下探索和建构的，首要问题是对这一知识体系的范畴及核心概念的界定。讲授的大思路可概括为四句话：“先宏观后微观”，“先主脉后支脉”，“先结构后结点”，“先史观后史实”。这是针对课程（一）这个部分的内容和特色，即围绕着中国建筑的传统及其演进、转化而产生的。我们深感，既然是在同济建筑学的专业平台上开这样的课，就应当提供更广阔的中外学术视野，有侧重地引入涉及传统与现代关系的国际理论资讯，作为探讨中国传统建筑问题的参考材料。本文仅就同济“建筑理论与历史课（一）”的教学内容和方法改革做一些探讨。

基于上述认识，课程一开始就推荐阅读人类第一部可称之为“建筑理论”的著作——古罗马维特鲁威的《建筑十书》，将之与中国最早的土木工程典籍《考工记》作比较，使学生了解前者是西方古代的“建筑学”，是其建筑技艺和学问的主要源头；后者奠定了中国古代营造制度的基础，但没有形成前者那样系统的专业基础理论。虽然《建筑十书》中的“建筑学”概念在技术层面上与中国古代的“营造”一词十分类似，但 18 世纪起西方的建筑学与土木工程逐渐分化，成为介于工程和艺术之间的近代学科门类，之后西方的“建筑学”与中国传统的“营造”就有了很大差别，这成为日本、中国等东亚国家以“建筑”而非“营造”来翻译西方的“architecture”一词的主要原因。

为了对建筑形态的历时性演变加深认识，课程对西方 18 ~ 19 世纪的历史形态学要点也有涉猎，如马克·洛吉耶的“建筑起源说”、德·昆西的“建筑类型学”、戈特弗里德·森佩尔的“建筑四要素”等；并将史论视野扩大到建筑学之外，比如奥斯瓦尔多·斯宾格勒的《西方的没落》一书，通过形容人的意志与历史场景的情景关系，对历史进化中“兴盛”、“衰亡”、“伪形”等命题作了充满天才想象的时空描述，使历史形态学通过建筑意象栩栩如生地展现出来，可看作“宏叙”历史的经典。但这样的叙事方式更多出自于典型化的历史想象而非都是以历史“客观事实”为依据。于是，探究“客观事实”，基于实证和人类学维度的方法被引入 20 世纪的历史形态学研究中。这类研究与建筑历史相关的，如由张光直所发展的考古人类学方向，不同于传统考古学多重于发掘和鉴定，而是力图还原古迹文物的文化意涵及其跨文明的关联域，通过对中国和玛雅文物的平行比较，揭示出异质文明的共同体现象；他的《中国青铜时代》、《考古学六讲》等都是我们这代人读研时所钟爱的书籍。巫鸿作为张光直的学生更加着力于再现古代建筑、器物、习俗等在特定场景和仪式中的文化功能及意义[2]。又如西毗罗·克斯塔夫以历史人类学为理论背景的《建筑历史—场景与仪式》，从建筑作为人类活动组织形态（institutional）的空间秩序及其象征出发，提出了建筑演化的新视角和新史观。

二、建筑传统问题

由于上述的专业属性及历史缘由，同济的“建筑理论与历史（一）”课程的教学始终聚焦于传统问题。然而诠释这一类复杂的对象，需要认识论和方法论的基础。就此而言，史学大师梁启超对人类活动属性的二分法有发人深思的参考价值。他从社会进化的角度认为，人类活动可分为两大类。1）自然属性的：归纳法有效，因果律的，非进化的。2）文化属性的：归纳法无效，非因果律的，进化的。[3]

从前读梁先生的书，对这一论断并不以为然，后来结合建筑史问题的思考，才慢慢体会到了他的社会进化论本意。实际上中国传统建筑的基本属性亦可分为自然属性的和文化属性的两大部分。前者诸如顺应自然的环境选址，因地制宜、因势利导的布局，被动式利用资源，符合材料、结构特性的柔性构法，等等，这些营造智慧应该被汲取和延承；后者诸如样式、机能、禁忌，以及经济、社会条件造成的物质局限等，则是需要转化和进化的。以城市选址为例，与建造活动的自然属性相关，比如成都的选址，避开了周边的地震断裂带，历史上川康地区屡次大震均未对成都造成大的影响，这种地志（topography）迁延及环境特质反映在当地风土建筑上，最鲜明的因应特征之一，就是古来西南地区普遍使用的穿斗式结构。虽然城市与建筑形态历经变迁，但地志与结构的这种因果关系在历史上却是一直不变或缓变的。因而课程反复强调，现代建筑学对传统问题的思考，也应当首先从这样的因果关系出发，结合今天的文化和技术条件，探求地域新建筑的环境因应方式。

上述的建筑传统大致上可分为四个方面：1）作为习俗（convention）的传统；2）作为形式（form）的传统；3）作为原型（archetype）的传统；4）作为遗产（heritege）的传统。

第一个方面是建筑学最基本的东西。以人类学的视角看，建筑从来就属于习俗的范畴，而习俗即传统显性或隐性存在的明证，并潜移默化地影响着现代的建筑设计。荣格（Carl Gustav Jung）以“集体无意识”的人格“原型”说（archetype）描述人性的深层心理结构[4]。道金斯（Richard Dawkins）则以“模仿”和“再现”（replicator）的社会“模因”说（meme）解释文化的“遗传”机制[5]。为了更具针对性地理解作为习俗的建筑传统，我们翻译了拉普卜特（Amos Rapoport）的开山之作《宅形与文化》(*HOUSE FORM AND CULTURE*) 和其晚近之作《文化特性与建筑设计》（*CULTURE ARCHITECTURE AND DESIGN*）。在前一本书中，拉普卜特将建筑传统延承的内在依据归结为习俗的“恒常性”（constant）[6]。确实在当代看来，作为习俗的传统已在持续改变，而接受变化不难，难就难在如何对待建筑习俗中那些涉及我们身份认同的因素，并在当代建筑设计中将之转化为活的传统。后一本书的中文版是首个版本，据他的英文打印稿译出。书的开篇便认为，现今的建筑传统主要存在于城乡风土建筑（vernacular architecture）之中，而对建筑习俗的改造应当遵循适应性原则，接近于当下中国广泛讨论着的“有机更新”理念，也就是传统改造要切忌搞成不分情由地彻底改造、焕然一新。书中以生动案例说明，这样做的结果往往适得其反，不可持续[7]，这不正是中国城镇化所面临的现实挑战吗？

第二和第三个方面是建筑师最为关注的，在现代建筑中直白地采用传统形式，多出自怀旧的、审美的或文化消费的动机。而尝试传统的现代转化却是高难度的，笔者对此的看法是，一切原创皆源自原型，对原型理解的深度决定了原创的高度。问题是，为什么我们总是感觉中国与西方的现代建筑水平有这样那样的差距，“月亮总是人家的圆”呢？究其根本原因，是西方现代最经典的东西都是从原型转化来的，而我们学习的往往仅是人家的原创而非原型。那么中国现代建筑的原型在哪里？这一追问既涉及我们的文化身份问题，也触及传统还有没有生命力的问题。

第四个方面是保护工作者和建筑师都应当不时关注的对象，应从建筑教育入手，逐渐向国民素质教育普及，阐明建成遗产（built heritage）是历史身份和文化认同的价值载体，保护建成遗产就是守住传统价值载体的底线。这不应是选项，而应是一切发展的前提。

为了让学生更好地了解建筑传统问题的理论背景，课程还特别推荐了西方当代建筑理论读本《建筑理论新议程》（*THEORIZING A NEW AGENDA FOR ARCHITECHURE, 1965 ~ 1995*）和《建构建筑理论新议程》（*CONSTRUCTING A NEW AGENDA—Architectural Theory, 1993 ~ 2009*）。这两个读本合起来，基本就可涵盖从1960年代到今天的国际建筑理论主脉。其中，与中国传统建筑相关联的理论范畴主要有“结构主义与符号学”、“传统问题与历史主义”、“类型学与转化”、“城市文脉”、“批判性地域主义”及“再生性地域主义”等[8]，对于建筑传统及其演进提供了认知和分析的理论工具。

三、中国建筑史学文本

中国建筑历史研究的文本丰富多样，从英国的威廉·钱伯斯、詹姆斯·弗格森、班尼斯特·弗莱彻，到日本的伊东忠太、关野贞等，中国建筑历史领域是由外国学者先期涉猎的。第一部由国人撰著的《中国建筑史》，是文史学者乐嘉藻在20世纪30年代依据古代文献考释完成的，同时期伊东忠太依据当时的建筑考古材料撰著的《中国建筑史》（陈清泉译自日本雄山阁1931年出版的《东洋史讲座——支那建筑史》）也只写到北朝。抗日战争时期梁思成以相对完整的断代考古实测为基础撰著的《中国建筑史》，在中国营造学社留驻李庄时期完成，笔者学生时代曾有幸从林宣教授处得到过这部著作刻版的影印件，当时真是如获至宝，逐句研读，印象至深的就是梁先生关于中国传统建筑“不求原物之长存”及“崇尚俭德”等论断。随后的英文版《图像中国建筑史》，以及《营造法式注释》、《清式营造则例》等，为中国建筑史研究与教学开辟了道路。

从文本的种类看，后来的中国建筑史著作和教材大致可分为三种类型。第一类是“编年体”，按历史朝代的时间轴和建筑类型的特征，形成“纵排横写”的架构，以刘敦桢主编，梁、刘二巨擘以下31位学者参与撰写的《中国古代建筑史》为代表，通过长期的实证研究和成果积累，经8次大的修订方完成终稿，基本上每一章节都很精彩。尽管后来历史材料扩充了，视野开阔了，方法也多样了，但这部著作文脉之统一，结构之完整，内容之紧凑，写作之简练，迄今仍难以超越，是名副其实的编年体经典和高级教学参考书。第二类是“纪传体”，依据建筑类型的排列空间轴和演进特征“横排纵写”，以刘致平的《中国建筑类型及结构》和东南大学主编的全国统编教材《中国建筑史》为代表，这本教材已修订发行到第六版。第三类是“纪事本末体”，以相关事例的分类叙述成体，一事一议，每一种叙事都说明一个道理，以李约瑟《中国的科学与文明》中的建筑篇为代表，属于选择性叙事；李允钚据此写出了更专业的《华夏意匠》，从古典设计原理角度讲述中国传统建筑的基本特征。笔者20年前撰写的《建筑志》，就参考了上述纪传体和纪事本末体的特点。中国台湾地区著名学者汉宝德所著的《明清建筑二论》和《斗栱的起源与发展》，是典型的“纪事本末体”建筑叙事，都是从建筑本体的微观解读入手，探讨中国传统本质的宏观理论问题，前者质疑和反思了以往学界对唐宋和明清建筑主流性的价值判定；后者通过平行比较，讨论了中外类似构件的文化寓意及相互关联[9]。

四、课程核心内容

1. 历史演化脉络

在中国古代有关国土的空间概念里，沿大兴安岭经太行山、至横断山脉的连线所贯串的几条山脉体系，将中国疆域的自然与文化在地理上斜分为“西北区域”和“东南区域”。在这两大区域分界线的附近，有一条半干旱、半湿润地区的自然地理分界线—400mm等降水量线，也即农耕文明与游牧文明的天然分界线。其北侧是游牧文明的阿尔泰语系和汉藏语系各民族活动的区域，南侧则是农耕文明的汉语族民系和藏缅语族或语支各民族活动的区域。两种文明之间长达两千多年的空间竞夺和民族融合，可以说都是从这里开始的。长城的修建和丝绸之路的凿空也是与这条分界线密切相关的。而华夏文明与外部文明，特别是西方文明的几次大的建筑交流，如佛教建筑和伊斯兰教建筑的东来，拱券结构的演进，异域装饰母题、元素的移入，高制式家具及起居方式的变化，以及近现代西方建筑的影响等，都是中国传统建筑变迁不可忽视的重要方面。

对于建筑历史的演化脉络，需要先抓住主脉，虽然今天学界多把风格史当作过时的经典，但得承认，风格史给我们提供了历史的主脉，没有宏观的风格史叙事作为基础，就没有微观的建筑史学建构。因此这门课不但提出了中国建筑的变迁主脉，而且把中外建筑的两条主脉互为对照，提供了异质文化的交融背景，事实上这两条主脉并非平行关系，而是不时有所交织和关联（表3）。

东西方建筑演变及互动比较简表 表3

东方建筑（中国建筑）	东西方之间（印度建筑）	西方建筑		东西方互动
史前建筑	史前建筑	古典非欧源流	古埃及建筑 前3200～前30	中国古文献中的西方建筑意象
夏商建筑（走出原始） 前21世纪～前11世纪	印度河文明建筑 （哈拉帕－摩亨鸠·达罗） 前2300～前1500		西亚洲建筑 （巴比伦、亚述、波斯） 前2000～前333	
	吠陀时代建筑 前1500～前500			
西周、东周建筑（古风早期） 前11世纪～前3世纪	摩揭陀帝国建筑 前545～30	古典建筑	古希腊建筑 前6世纪～前2世纪	亚历山大东征，阿育王礼佛，希—印混交风格的西北印度及中亚佛教建筑艺术兴起
秦汉建筑（古风晚期） 前221～220	贵霜帝国建筑 1世纪～375		古罗马建筑 前3世纪～476	丝路畅通，佛教自印度—中亚传入汉地，地下拱券出现。2世纪北匈奴西迁。316年匈奴灭西晋。330年大秦（古罗马）迁都君士坦丁堡，420年中国进入南北朝。476年西罗马亡于哥特人
三国两晋南北朝建筑（殊源交融期） 220～581	笈多－伽色尼王朝建筑 320～1185 伊斯兰建筑在南亚传布 7～19世纪			
隋唐、五代建筑 （古典早期）581～959		中世纪建筑	早期基督教建筑 拜占庭建筑 313～1453	汉地佛教建筑兴盛。西域高足式家具影响中国起居方式。佛林（拜占庭）1453年亡于东方奥斯曼突厥；东罗马与伊斯兰建筑交融
宋、辽、金、元建筑 （古典盛期） 960～1341			罗马风建筑 1000～13世纪	1103年颁《营造法式》，宋元之际砖石拱券建筑渐兴。蒙古帝国东西方建筑交融。15世纪末大航海时代开始，海上丝路发达
	德里苏丹国建筑 1206～1526		哥特建筑 12世纪～1530	
明清建筑（古典晚期） 1368～1911		现代建筑前夜	文艺复兴建筑 15世纪初～1630	建筑兴火砖砌墙。南匠主导都城建设。西洋透视法传入；古典主义—路易十五式—中国装饰风
			巴洛克、洛可可 17～18世纪	
	莫卧儿帝国建筑 1526～1857		启蒙运动与新古典主义建筑，浪漫主义建筑（风景如画、异国情调、浪漫古典主义、哥特复兴） 18世纪中～20世纪初	1735年清工部《工程做法则例》刊行，18世纪欧洲的中国园林热；西方科学透视法传入中土；19世纪中后起复兴建筑在中国租界的传播
近现代建筑（传统与现代） 19世纪末～当代	英国殖民地建筑 1857～1947	现代建筑	新艺术运动、装饰艺术风格、现代主义建筑、后现代时期的建筑 19世纪末～当代	洋务运动建筑、西洋新古典，“中国固有式”、“民族形式”、反向的“异国情调”，探索中国现代之路，传承、转化、创新，走向“全球在地”

从历时性看，中国建筑的古今演化可以概括为以下六大时段：

1）史前时期：

● 原始建筑：仰韶聚落——穴居；龙山聚落——版筑；河姆渡聚落——榫卯、干栏建筑。

2）古风早期：

● 先秦建筑：茅茨土阶，高台宫室，砖瓦屋，四合院，营国制度，《考工记》，因势利导的水利工程，如都江堰、郑国渠。

3）古风晚期：

● 秦汉建筑：帝国建筑肇始，中原—楚地文化交融，佛教东来，木构体系雏型，砖拱券出现。

● 魏晋南北朝建筑：汉、胡（阿尔泰语系游牧民族为主）首次南北分治，西域文化濡染，佛教建筑兴盛，汉魏建筑发扬于南朝，北朝的废墟重建及南朝影响。

4）古典前期：

● 隋唐建筑：大运河联通南北，木构体系成型，强化的都城—皇宫权力轴，聚居里坊制，建筑博大雄浑，《营缮令》颁布，规范建筑等级。

● 宋、辽、金建筑：汉、胡二次南北分治，木构体系成熟，御街千步廊、厢坊制，《木经》问世，《营造法式》颁行，推行变造用材，等级制细化，南北官式差异加大，建筑风格北豪劲、南醇和。

5）古典后期：

● 蒙元建筑：游牧族首次统一中国，元大都对周礼的复兴，西域匠作影响，回族的形成和伊斯兰教建筑的东进，砖石拱券发展，《梓人遗制》问世。

● 明清建筑：南匠主导皇家营造，皇家建筑、园林集大成，喇嘛教建筑，民间风土建筑分布的地域格局形成，明《厂库须知》《营造正式》《鲁般经匠家镜》《园冶》，清工部《工程做法则例》先后问世。

6）近现代：

● 民国建筑：西风东渐、清末民初西方建筑影响，中国固有式，新古典建筑，类型和技术向近现代转型。

● 新中国：建筑工业化，倡导"古为今用、洋为中用"，民族形式与"革命现代式"，走向开放多元和"全球在地"。

2. 风土区系与建筑谱系

中国传统建筑可分为两大类：以皇家建筑为核心，在国家体制下建造的官式古典建筑；分布于各地域的民间风土建筑。前者是后者的规制化和高级形式，只是统治阶层所拥有或染指的很小部分；后者是前者的来源和基础，占到绝大多数。唐宋以降的官式建筑脉络清晰，可以说主要只有一个谱系，但各地风土建筑究竟有几个谱系却很难有准确答案。如何从总体上评估地域风土建筑的存在价值和演进趋势，则不仅是建筑历史问题，而且涉及传统文化之根能否保存，当代建筑能否找到地域原型的问题。所以讨论风土建筑谱系的认知和划分方法，是本课程的一项重要内容。

由于"语缘"作为文化纽带的重要性仅次于血缘，表现为由语系—语族—语支（方言）为纽带构成的、跨行政区划的各个风土区系。汉语族的方言和少数民族语族的语支，是在漫长的历史变迁中，在地理阻隔及民族、民系迁徙过程中逐步形成的。一般而言，不同族群、聚落在语言上若很接近，建筑上应该也存在着密切关系。因此"语缘"是风土区系和建筑谱系认定的重要依据。

参照语言学的方言区划，可尝试将中国传统建筑所在的风土区系划分为：北方的东北、冀胶、京畿、中原、晋、河西等六大区系，跨越南北的江淮和西南等两大区系；南方的徽、吴、湘赣、闽粤等四大区系。而中国的少数民族虽有55个，但地理分布情况复杂，大致可分为大西南地区汉藏语系，由17个民族构成的藏缅语族、9个民族构成的壮侗语族和3个民族构成的苗瑶语族；西北和东北阿尔泰语系，由7个民族构成的突厥语族、6个民族构成的蒙古语族和5个民族构成的通古斯语族等。因此，可尝试将之分为藏缅、壮侗、苗瑶、蒙古、突厥、通古斯和印欧等七大语族的风土区系。尽管以"语缘"为参照的风土区系与建筑谱系并不完全构成对应关系，但在多数情况下，以风土区系为参照，确实会将一些匠作谱系的典型特征在文化地理上识别出来。

以木材、皮革、生土或石材为主要建筑材料的各族、各地风土建筑特征和环境适应方式，在特定风土区系中形成了不同的建筑谱系，明清以来已相对稳定的文化地理格局，笔者将之由此而南大致概括为"西北区域"的五大谱系和"东南区域"的九大谱系。

其一，"西北区域"。主要包括：1）汉藏语系和阿尔泰语系游牧民族的帐幕、蒙古包；2）青藏高原上以石砌厚墙做维护体，内以木构平顶密肋飞椽形成构架，并以"阿尕土"敷地墁顶的藏式平顶碉房；3）塔里木盆地周缘地区突厥语族－东伊朗语族的木构平顶阿以旺（中厅式建筑）；4）甘青地区各族建筑元素相混合的"庄窠"式缓坡顶两合院与三合院民居；5）川西羌式碉房及合院等。

其二，"东南区域"，分为两大气候带。第一个气候带在400mm等降水量线以南和由秦岭－淮河划定的800mm等降水量线（南北气候分界线）以北之间，主要包括：1）北方黄土高原窑洞、地坑院生土建筑，木构坡顶及包砖土坯（胡墼）墙房屋组成的晋系狭长四合院建筑；2）华北和中原地区木构坡顶、平顶、囤顶等房屋构成的开阔四合院建筑等。第二个气候带在

800mm 等降水量线的秦岭－淮河以南和 1600mm 等降水量线以北，主要包括：1）西南的官话系汉族和藏缅、壮侗和苗瑶语族交织的西南和中南地区，以穿斗体系、基部干栏－吊脚楼、“廊楼”为显著特征的山地建筑，石基土墙、平顶及屋顶场院沿坡地层层跌落的“土掌房”、“一颗印”（“窨子屋”）、“三坊一照壁”的合院建筑；2）江南赣语方言区以穿斗式和穿插混合式结构为主的敞厅－“四水归堂”的天井建筑或“土库”建筑；3）江南徽语方言区以堂楼为中心，高耸的马头墙、插梁式的穿斗结构，墙厦、精工木雕、楼面地砖为特色的天井建筑；4）江南吴语方言区以穿斗－抬梁－穿插混合式结构形成的多进厅堂和宅园建筑（图 1）；5）华南客家方言区的赣南、闽南和粤北地区，以夯土厚围墙和内部木屋架构成的客家土楼、围屋；6）华南闽语方言区的潮汕、海南、台湾等地区的多进合院建筑；7）华南的粤语方言区的广府系以天井、冷巷、重瓦散热屋顶为特色的多进合院建筑等[10]。吴系和赣系所代表的南匠参与了明清北京产皇家建筑的营造过程，并影响深远。

图 1　明清工官出江南：江左吴匠－香山帮－蒯祥（上）；江右赣匠雷发达以下七代宫匠（下）

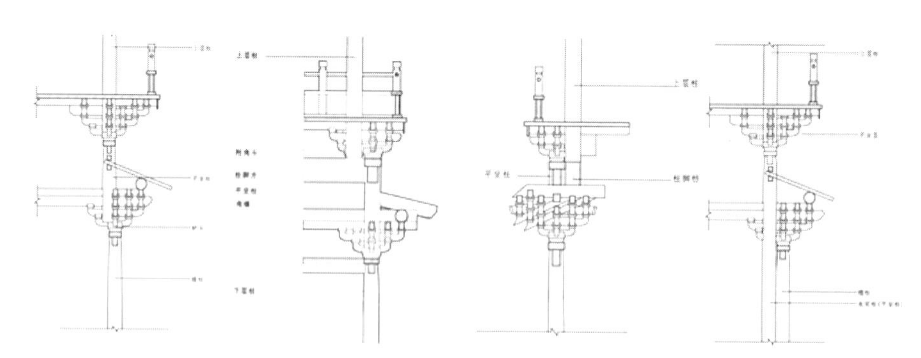

殿阁上下柱连接方式及与铺作关系：1. 叉柱造（上左）；2. 缠柱造（柱脚方丁身，上中左；柱脚方顺身，上中右）3. 永定柱（上右）

图 2　殿阁结构演化推定示意图

3. 官式建筑问题举要

官式建筑是国家和民族历史身份的象征系统，承载了宇宙图案、权力空间秩序、术数隐喻和场景仪式等宗法社会的历史文化价值。所谓“官式”，即国家层面规定的、遵从特定制度或做法的样式。其产生有三个前提，一是统一的中央集权国家，二是严格的社会等级制，三是成熟的工官制度及源自民间的营造匠艺。中国的官式古典建筑发端于秦汉帝国，这看起来与希波战争后的希腊鼎盛期形成古典建筑的情形确实属趋同现象；但希腊古典建筑的特征主要表现在柱子和檐部构成上，而中国官式建筑的特征不但普遍地表现于整体结构——大木作制度及做法，而且在构件的文化寓意中显露无遗，比如在斗栱这一特殊构件上反映得尤为典型，大大超出了西方古典柱式所蕴含的范畴。这一整套具等级象征意义的法定规制和构造做法，成形于隋唐，成熟于两宋，并在明清官式建筑中被完全程式化了。

官式建筑的等级标识主要有三个。第一个标识是间、架数。古代木构建筑无论属于哪一类，柱网（分槽地盘图）皆以“间”（开间，柱间距）和“架”（进深，檩间距）作为平面构成的基本单位，并以间、架数确定平面尺度和规模。木构建筑以此划分等级，扇架“起屋”。第二个标识是大木作的首要构件斗栱。从斗栱由雄大到纤小，由简拙到繁琐的变化轨迹中，可以遍窥官式古典建筑的等级象征和演进脉络。第三个标识是房屋的形制与结构，最重要的为殿式（殿堂、殿阁）和厅式（厅堂、厅阁）。从官式木构建筑的演变中，可以观察到殿式与厅式的等级差别、两相融合和递变趋势，而这些均与斗栱铺作的变化如影随形[11]（图 2）。

官式建筑的用材以斗栱断面为基准，由于附会礼乐制度的需要，宋《营造法式》的“材有八等”，造成不合理的奇数区间，难以获得统一的递减率，从而使文化诉求的感性动机产生出了技术操作上的非理性结果。笔者推断深谙音律和营造的李诫可能是借助于简明的数学方法，将八等材的七个区间及一等和八等间的差值 4.5 寸，先均分为三个各 1.5 寸的区间，再将前后两个区间（一～三等和六～八等）按统一的递减值各均分为两段（长 × 宽 =0.75×0.5），而将中间的区间（三等～六等）划分为递减值不等的三段（长 × 宽 =0.3×0.2，0.6×0.4，0.6×0.4）。这样既附会了礼乐象征——十二平均律两个音阶频率之首的黄钟和清黄钟（对应一等材高 9 寸和八等材高 4.5 寸），又关照了前后两个区间材等作为常用材的数字整齐，以利于套裁下料和工料计算。直到清代，以材等递减率统一为前提，营造用材制度（斗口制）才有了接近于现代模数化的质变[12]。

4. 传统聚落的中国特征

中国传统聚落的主流，多是以中轴对称和以昭穆次序排列组合的院落为基本单元，再以纵、横两个方向的轴线上多进、多路的院落形成组群，以水平向延展开来，组成里坊、街坊构成的聚落，即城墙与壕堑围合的地方城市和以宫室为中心的都城。这就是中国古代建筑最基本的建造模式——“匝居”（“营”字的最初含义，即围合建造）的本意及其衍生的结果。

中国古代聚落有着丰富多样的地域形态，但从实质上看，这些大到都城、小到村镇的传统聚落大多因地制宜，可以是平原、盆地上规整平直的，如“匠人营国，方九里，旁三门。城中九经九纬，经途九轨”（《周礼・考工记》）的王城理想模式；也可以是依山傍水、曲折起伏的，如“因天材，就地利，故城郭不必中规矩，道路不必中准绳”（《管子・立政篇》）的城市营建策略。但在实质上，可说是在宗法礼制和其他文化背景的制约下，以院、坊、城三个空间层次构成的网络系统。从“匝居”到聚居，从一个庭院到一处街坊再到一座城池，每一个空间层次都有着相类同的围合空间概念。从城郭、街廓、院围到建筑各个界面的线框构成，几乎所有的空间界面都是线性构成。这种同构关系是中国传统聚落及建筑最显著的特质。

城乡聚落的形态虽因地理、地志及地缘控制作用的不同而形态各异，但基本结构却大致相同。以政治经济学和社会组织形态的视角看，即便是传统意义上的城市甚至都城，依然不过是一些政治权力和经济活动相对集中的农耕聚落而已，隋唐长安如此，明清北京亦是如此，这也部分印证了“亚细亚生产方式”的社会史观对中国传统聚落的普适性意义。从农耕聚落及其生存方式的层面，可以窥见这一空间结构的实质，进而看到“中心”和“边界”这两个至关重要的节点及其作用。即以血缘及地缘为纽带，聚落的统治阶层通过封邑和土地兼并以获得经济地位，倚重宗族祭祀权以获得政治合法性，掌握军事权以维持宗法秩序及抵御外敌。于是聚落便以宗庙祠堂为空间秩序的中心，以城垣壕堑为空间格局的边界[13]。

5. 近现代建筑的演进趋势

农耕文明所滋生的自给自足性和对外夷的防范保守意识，在古典时期向近代转型之初发展到了极致，并在建筑形式的选择上表现得淋漓尽致。在西风东渐的历史背景下，为了使中国社会在保持住自己文化特性的同时，接受西方的文化移入，西方殖民者和文化传播者一直在揣摸中国的民族审美心理，探寻在这个古老的东方国度中达至文化适应（acculturation）的形式，尤其是建筑的形式。于是，一种中国式的近代建筑“伪形”——“宫殿式”，首先被西方建筑师刻意搬套，用来塑造中国近代建筑的外观形象。这也与中国人寻求民族国家形式的想法不谋而合，因而“中国固有式”，即“宫殿式”，一直是民国时期官方建筑的主流形式。

由于历史角色、使命和价值观的不同，与民国时期官方遵礼重道、恪守传统的“中国固有式”相比，新中国成立早期既以意识形态为导向，“形式跟从政治”，也重视建筑工业化，“适用服从经济”。“文革”前，政府曾倡导“百花齐放，推陈出新”，加之国家领导人反感“宫殿式”，反倒更能接受跨越历史、民族、国家界限，古今折中、中外浑融的民族主义，甚至不避讳直接采用西方的新古典形式。

自20世纪70年代末改革开放的“新时期”起，中国建筑界开始重新审视西方主导的国际建筑潮流，逐渐走向建筑探索和审美取向的多样化，可以说是把西方从新艺术运动、装饰艺术风格、现代主义到后现代主义的流变转换过程，快速地以中国方式作了蒙太奇式的再现，反映了整一代建筑师执着于留存集体记忆，将本土传统向现代转化的悉心追求。

世纪之交以来，建筑的价值取向进一步多元化，令人眼花缭乱，无所适从。当代中国建筑师群体在西方建筑的话语霸权影响和本土建筑的价值迷失现实面前，既要跟上国际时尚的潮流，又得延续地域传统的认同，正在这样双重的压力下苦苦求索，踉跄前行。对于本课程而言，需要澄清的是，虽然作为历史文化重要载体的中国传统建筑早已成为文化遗产的一部分，但是其中的某些建造智慧和形式感，如顺应生态系统、被动式利用资源、柔性的构造方式及优美的图案装饰，等等，对现代建筑设计依然具有启发意义，依然是建筑创作灵感的重要源泉。但是对这些营造智慧的发掘、提炼和借鉴，不应有过度的概念化或神秘化解读，也不宜做过多的科学诠释，而要实事求是地还原当时人们的文化心理、环境态度和工巧意匠，对其进行现代方式的汲取、消化和吸收，使之融入未来中国建筑本土化的进程[14]。

注释：

[1] Alan Colquhoun. *Three Kinds of Historicism* [M]// Kate Nesbitt. *Theorizing A New Agenda for Architecture*. New York：Princeton Architectural Press，1996：203–209．另参见：（意）曼弗雷多·塔夫里．建筑学的理论和历史 [M]. 郑时龄译．北京：中国建筑工业出版社，1991.

[2] 巫鸿．中国古代艺术与建筑中的纪念碑性 [M]．上海：上海人民出版社，2009．受业于巫鸿的赖德霖近10年来在中国近代建筑史研究方面也有这种倾向，其实是把这种考古人类学方法引进到建筑史学研究。

[3] 梁启超．中国历史研究法．20世纪中国国学丛书 [M]．华东师范大学出版社，1995：182.

[4] 荣格（Carl Gustav Jung，1875～1961）在分析心理学中提出“集体无意识”（深层结构）－原型概念（人格面具·阿尼玛·阿尼玛斯·阴影·曼德拉）。意大利的阿尔多·罗西（Aldo Rossi，1931～1997）等建筑理论家将这一概念运用于建筑学、建筑类型学和类似性城市（analogical city）的设计理论，其中以城市建成物（artifact）的“原型”（archetype）为核心讨论对象。

[5] 英国的道金斯（Richard Dawkins）在《自私的基因》一书中提出“模因”（meme）学说，他认为习惯和秉性可通过模仿和再现（replicator）“遗传”下去。参见：Dawkins，Richard. *The Selfish Gene* [M]. Oxford University Press，1989：192.

[6]（美）阿摩斯·拉普卜特著．宅形与文化 [M]．常青等译．北京：中国建筑工业出版社，2004.

[7]（美）阿摩斯·拉普卜特著．文化特性与建筑设计 [M]．常青等译．北京：中国建筑工业出版社，2004.

[8] Steven A. Moore. *Technology, Place, and Nonmodern Regionalism*, edited by Vincent B. Canizaro. *Architectural Regionalism：Collected Writings on Place, Identity, Modernity, and Tradition*. Princeton Architectural Press，2007：441–442.

[9] 汉宝德．明清建筑而论——斗栱的起源与发展 [M]．北京：生活．读书．新知 三联书店，2014．该书系由中国台湾地区境与象出版社1972年出版的《明清建筑二论》和1973年出版的《斗栱的起源与发展》两本书合订而成。

[10] 常青．从风土观看地方传统在城乡改造中的延承——风土建筑谱系研究纲领 // 常青主编历史建筑保护工程学 [M]．上海：同济大学出版社，2014：102–110.

[11] 常青．反思传统：中国建筑源流与变迁命题再析 [J]．2015未刊稿。

[12] 常青．中国传统建筑再观——纪念梁思成先生诞辰110周年 [J]．建筑师，2011（3）：69–81.

[13] 同 [11]。

[14] 同 [11]。

作者：常青，同济大学学术委员会委员，建筑与城市规划学院教授

超越"时代精神"：西方现代建筑史教学再探索

卢永毅

Beyond the "Zeitgeist": rethinking the teaching of history of modern architecture

■摘要：本文介绍近年来同济建筑系在西方现代建筑史教学上的一些思考与探索。首先，文章阐述了这一教学内容在我国建筑学教育中的独特地位与作用；其次，文章通过对同济教学发展的粗略回顾，呈现了我们对于西方现代建筑史的认知经历了从专注风格史到向观念史延伸、再到复线的历史和微观史／专题史的扩展等不同阶段，以此论证现代建筑史的教学正在离开时代精神的观念主导，深入到历史的复杂性与学科的丰富性之中；最后，以复线的历史、多样的叙述以及专题性的学习这三种途径，阐述了同济当前提升西方现代建筑史教学的努力方向。

■关键词：西方现代建筑　史学史　建筑史教学探索

Abstract: This article is to introduce the rethinking and exploring on teaching history of western modern architecture in Tongji University in recent years. Firstly, it emphasizes the special significance of this teaching course in architectural education in China. Secondly, it reveals that the teaching of this history in tongji has experienced different periods, from a stylistic history deepening to the history of ideas, from linear history to bifurcated history, micro history or thematic studies. Therefore it has proved that the idea of *Zeitgeist* is no longer dominant on interpreting modern architecture, so that the complex of the history and the richness of the discourses of the discipline could be presented and understood. Lastly the author summarizes that bifurcated history, multiple narratives and thematic studies will be the main approaches on improving this history course in Tongji.

Key words: Western Modern Architecture; Historiography; Teaching Exploration on Architectural History

在全球化和网络化时代，我们正面临着知识生产、传播和交流方式的巨大变化，建筑学教育也必然要应对这一新的挑战。建筑历史作为建筑学知识体系的重要组成部分，其知识构成正在发生怎样的变化，其教学理念与教学方法应作出怎样的调整，必然是建筑史教师近年来思考和探索的问题。不仅如此，由于古今中外建筑历史的丰富性，历史教学深入到不同领域，所面对的相关问题还会呈现出共同性与特殊性。

本文将介绍近几年同济“外国建筑史与现代建筑理论”学科团队在西方现代建筑史课程教学中的一些思考与探索。以“超越‘时代精神’”为主题，表达了我们对待这一段历史认识在观念上的转变，也包含了对以往相关教学内容与方法的批判性反思。因此，本文拟展开探讨的内容分三个层面：一是，重新认识西方现代建筑史教学在我们的建筑学教育中的独特性；二是，面对西方现代建筑史日益丰富的研究成果，如何建立关于史学史的自觉意识，又如何将这种意识融入历史教学之中；三是，在知识形式和观念认识的演进中，如何探索历史教学的新模式。

认识西方现代建筑史教学的独特性

西方现代建筑史在我们的建筑学教育中有其重要性和特殊性。虽然时至今日，这样一部历史从何起始，如何叙述，作何评判，仍没有清晰统一的标准，但这一部分知识内容及其思想认识，无论过去还是现在，一直与我们整个建筑学的成长紧密相连。主要体现在三个方面：

一是，长期以来，西方现代建筑史是形成我们建筑史观、价值认识、设计原则以及形式语言的重要来源，也是我们寻求自身建筑现代化发展之路的重要参照。因此，如果说西方古代建筑史的教学更是作为一种认识人类建筑历史与建筑文化的丰富性和独特性的学习（这也反映了我们长期将西方古代建筑史与现代建筑史断裂的问题），那么关于西方现代建筑史的教学，就不可避免地带上了强烈的、直指当下与未来发展的目的论色彩。

二是，引介与翻译是我们建构关于西方现代建筑史知识形式与教学内容的基本途径。就是说，关于西方现代建筑的相关人物、作品及其思想的种种特征及其评述，主要是通过西方史学家将现代建筑历史化的（historicized）解说形式为我们认识的，甚至是，他们所建构的现代建筑的历史叙述及其历史观念本身，就构成了西方现代建筑史的一部分。他们对我们的影响持续半个多世纪。然而，这种史学家的特殊影响作用，是到近年来才为我们逐渐意识。就是说，以往我们获得的现代建筑的历史知识，并非等同于现代建筑的真实历史。

三是，通过引介和翻译的知识传播，还包含了第二次的过滤，即，我们的教师、学者和建筑史学家在引入西方现代建筑史学著作时，也会按自己的认识和选择来转译这些知识和思想，直接针对西方建筑师的作品与思想的研究而建立的系统性历史知识还十分罕见。因此，我们以往是如何移植，如何转化的，也是需要考察与反思的。

事实上，考察这些问题，也有助于深入探究中国建筑学学科发展的历史特征。应该说，这种特征本身就是中国建筑现代性面貌的重要表现。

西方现代建筑史教学观念转变的回溯

对于西方建筑史教学的人文学思考和历史性反思，在以罗小未先生为代表的同济前辈中已经形成传统。罗先生在主持编著全国建筑学专业统编教材《外国近现代建筑史》的过程中，就坚持建筑历史应作为文化史的一部分，并强调关注历史的复杂性，认为建筑历史中呈现的“异质共存的情况无处不在”，但同时也强调建筑“其自身的特殊性与一定的自主性”。不仅如此，提倡“一种分析与批判的历史哲学”，也是罗小未先生致力培育的教学传统，一直影响着我等后辈[1]。

因此，在教学内容不断扩展、历史观念正在转变的新形势下，回溯我们西方现代建筑史的教学发展过程，形成一定的批判性认识，是很有必要的。这个变化一方面反映出当代西方现代建筑史学史（historiography of modern architecture）研究的传入和影响[2]，另一方面也折射出中国整个人文学领域史学研究发展的新环境。

回顾半个多世纪西方现代建筑史的教学在我国建筑院校中的发展，虽然有差异性，但也有许多共同性，大致可以分为这样四个演变阶段：

第一阶段，风格史和进化论观念下的西方现代建筑史教学。

最早为我们勾勒西方现代建筑历史图景、建立“时代精神”与进步观念基础上的现代建筑历史叙述的，正是西格弗里德·吉迪恩（Siegfried Giedion）这样的早期现代建筑史学家以及他们的著作，尤以他的《空间、时间与建筑，一个新传统的成长》最为突出。考察此书自 1940 年代传入中国后[3]，在国内前辈们自 1950 年代起不断进行的教材编纂工作中[4]，在 1982 年汇集四校历史学家出版的《外国近现代建筑史》[5]——我们自己第一部完整的关于西方现代建筑史的教材文本中，以及这部教材在 2004 年的修订版中，都脱离不开这部著作背后的历史观念的持续影响[6]。

持续影响的原因是多方面的。一方面，我们可以获得和引入的相关历史著作十分有限，更何况这种影响在西方建筑界也长久而深刻；另一方面，这种黑格尔式的历史编纂之所以被很快接受，是与我们近代中国即已普遍形成的社会进化论的线性历史认知恰好形成了自然对接；还有一个历史背景是，以布扎体系长期主导建筑学而形成的风格史的惯性思维，使得新风格的探索仍然成为我们认识现代建筑历史进程的主导方式。吉迪恩等历史学家继承的艺术史传统下的现代建筑史叙述，无疑适应了我们这样一种认识历史的思维方式[7]。再有，由于马克思主义历史唯物论与社会发展观的强烈影响和意识形态的持久作用，使我们更加强调建筑演变与社会发展进程的互动关系。

这种观念与认识主导的西方建筑史教学，其基本特征是，对于自工业革命至 20 世纪初的种种建筑现象、建筑师及其作品，在总体上都被梳理到这样一条历史演进的线索中作出认知与评判：是否顺应时代，是否注重功能，注重新技术的应用，建筑创造是否有助于实现社会新秩序，最终是否对应于一种共同的新风格（脱离历史主义风格的无装饰、非对称、光滑墙面的外形，强调功能和自由平面的空间组织，新技术的应用以及形式与建造的诚实对应，等等）而得以实现。这样，以勒·柯布西耶、密斯·凡·德·罗、格罗皮乌斯和赖特为代表的建筑师，因为其建筑探索与实践体现了这种历史转变，因而成为一个时代的建筑大师。

所以，这样一个线性历史是在不断理清"革新派"与"保守派"的过程中逐渐清晰起来的[8]，因此也形成这样的历史认知："18 ~ 20 世纪初的（历史主义风格）的建筑不仅缺乏原创性，而且缺乏风格和文化上的统一性和方向性"[9]，是没有远见，难以胜任历史使命的。毫无疑问，彰显时代精神是评价现代建筑的、普遍而持久的观念，这不仅对于建筑师，史学家与其时代的关系亦是如此："历史学家，尤其是建筑史学家，必须与当代的观念保持密切关联。只有受时代精神彻底浸染过的历史学家才能看出那些被前人所忽视的事实"。[10]

第二阶段，从风格史扩展到观念史的认知。

1980 年代，风格史和进化论观念不仅在我们的历史教学中占据主导，甚至在为现代建筑建立整体性叙述和正统性地位上是被强化的，这在我国刚刚改革开放的时代背景下表现出来不足为奇怪。不久，西方后现代主义的快速引入，从现象上带来了对现代建筑的批判，但实际上，由于像查尔斯·詹克斯（Charles Jencks）这样的西方后现代建筑"代言人"的广泛影响，强调现代建筑已经"死亡"，后现代主义因为种种的正确性将取而代之，这在一定程度上强化了风格史和进化论的观念。因而，当时是难以展开对现代建筑史学的批判性思考的。

这种状况在 1990 年代末开始转变，仍源于西方战后更多现代建筑史著作的引入与比较，其中彼得·柯林斯（Peter Collins）的文本《现代建筑设计思想的演变 1750 ~ 1950》曾对我们在转变思维、拓展认识上有重要启示[11]。柯林斯一开始就以科林伍德的观点建立了自己史学研究的立场：历史学家的工作"不是为了要知道人们做过什么，而是理解他们想过什么"。对他来说，现代建筑的历史起点始于 18 世纪启蒙运动以来哲学、史学、文学、美学及其科学技术等众多领域的思想转变，"而不是技术上的发明"[12]。

柯林斯的著作让我们看到，历史要比"革新派"与"保守派"的两分法显得复杂，在那些被贴上古典复兴、浪漫主义或折中主义标签的作品背后，其实包含了丰富的现代建筑的思想萌芽与实践探索；而从另一角度，许多看起来相似的风格背后，可能隐含着完全不同甚至互相对立的思想成分。比如，柯林斯对于哥特复兴的入微考察，揭示了一种表象背后的五种错综复杂的观念：浪漫主义、民族主义、理性主义、教会建筑学与社会改革的理想，甚至指出，像维奥莱 – 勒 – 迪克等人建树的、"用来证明哥特复古是正确的学说，大概是 19 世纪提出的复古主义中最理性的学说"[13]，这与我们以往仅将哥特复兴与浪漫主义联系的认识迥然不同。柯林斯的文本为我带来的认识转变是，沿着观念与思想的轨迹而非形式与风格的历史叙述，可以引导建筑史走进风格史难以到达的历史深处。

第三阶段，从单线的历史到复线的历史和批判的历史。

学术思想的多样性是同济建筑系的传统，前辈们接受现代建筑的影响源自奥地利、法国、英国、美国与德国等多个国家和地区，本身构成了对现代建筑发展的多样性认识[14]。在1950年代初期，有教师传播包豪斯设计教学思想，有教师带来密斯的空间设计方法，还有教师对于阿尔瓦·阿尔托的作品十分青睐。这可以说明，我们是否认同一种正统现代建筑风格的存在是值得怀疑的[15]。当然，这种多样性与之后历史学家的复杂剖析比起来，仍然只是为构筑一段线性历史（periodization）的丰富素材。回到柯林斯，虽然他称历史叙述已“无法循序渐进、简单地一个接替一个”，而是错综复杂，面目多样，甚至革新者的实践“都不是天然力量的自发结果，而是由个别人物的意志所造成的”，但他的复杂叙述，最终仍像为一个预先写就的剧本演出的统一剧目，因为他的目的还是梳理现代建筑的轨迹，赋予1750～1950“这个时期以统一性，从而允许我们将它作为单一的建筑时期来处理”[16]。

让我们意识到从单线历史走向复线的历史（bifurcated history）和批判的历史（critical history），肯尼斯·弗兰姆普敦的《现代建筑：一部批判的历史》的译介起了关键性的作用。弗氏在其著作的开始就声称，他几乎放弃了历史叙述连贯性的可能：

我试图说明某种特定的手法来自社会经济或意识形态的环境；而在另外一些场合，我仅仅限于对形式进行分析。这种变化也反映在本书的结构中，它是由一系列短小的章节组成的……我尽可能使本书可以多种方式阅读……我的意图是尽量让每个学派自己说话……我企图用这些“声音”（指每章开始的引述）来说明现代建筑作为一种延续的文化探索的发展方式，并阐明某些观点如何在历史的某一时刻可能失去其相关性，而在后来的另一个时刻又以更重要的价值意义重现。[17]

在弗氏史学编撰方式的影响下，我们开始对教学内容与结构的组织有了新的安排：注重引入更多历史文本作为课程参考书，其中主要有巴里·伯格多尔（Barry Bergdoll）的《1750～1890年的欧洲建筑》和阿兰·柯泓（Alan Colquhoun）的《现代建筑》。他们的文本更接近一种历史的拼图，呈现现代建筑的思想及其实践是如何在多元、交错甚至矛盾中成长与发展的。伯格多尔以三大相互交织的主题——建筑与历史、建筑和科学研究、参与建筑的新公众，来叙述1750～1890间的欧洲建筑进程[18]。因而，与吉迪恩眼中对19世纪建筑“得过且过”、“缺乏远见”的评价相比，伯格多尔为我们呈现的，是各种建筑活动和多元思想如何为那个100多年里生机勃勃的欧洲文化作出贡献的纷繁景象。

这个阶段的明显的转变是，放弃了以“革新派”战胜“保守派”的线性历史叙述，以及“四个大师”或“五个大师”的现代建筑的“正统性”塑构，将历史学习引向对多样性的包容，对复杂性的批判认识，以及重构19～20世纪建筑历史的连续性。

第四阶段：引入微观史、专题研究和多种历史叙述。

从单线历史走向复线的历史，进入微观史和专题史的研究是必然的趋势。当代建筑教育的国际化环境、前所未有的信息交流和信息爆炸，尤其是近10年来国内相关出版物的极大丰富，已经完全改变了以往有关西方现代建筑史教学的知识内容和结构，为深化和拓展这一历史教学提供前所未有的条件。

比如一个突出的现象是，有关柯布的多种书籍的大量出版与引介（大致可分为柯布著作，作品全集，历史学家的传记性或专题性的研究，以及建筑师的作品分析），国内学者对于柯布各种专题研究的热潮（以著名网络学者刘东洋和媒体人黄居正为代表），已经构成了我们建筑学术界一幅夺目的景观，也带来了我们有关西方现代建筑史知识体系的新秩序。专题性的历史研究论著，更是直接扩展了以往风格史的局限，如弗兰姆普敦的建构文化研究，以及柯林·罗（Colin Rowe）关于现代建筑形式与空间问题的图像学研究等，充实了建筑史的理论性内涵，也开启了历史学习的跨学科视野[19]。

微观史和专题史的研究成果，虽然以片段形式渗入教学内容，但提供的多样视角本身，就形成了历史的多种叙述和批判性阅读。这也是新时期和新环境对于重建教学秩序最具挑战性的一面：如何在知识内容不断丰富而知识形式日益碎片化、理论发展更加多元化的当下和未来，重构现代建筑史的叙述、认知与评价，重新确立历史教学的意义和作用。

这个关于西方现代建筑史教学观念转变的大致回溯，也是我们对自身史学意识的历史考察，尤其可以推动我们对于西方现代建筑史在初期的叙述方式与价值评价的反思，丰富当代建筑思想与史学研究的成长，因此有着历史性的意义。建筑历史理论家曼弗雷多·塔夫里（Manfredo Tafuri）对于早期史学家以“时代精神”建构的线性历史和宏大叙述早有批判，指出这种历史是一种“建筑学的计划（*progetti architectonici*）”，它来自启蒙运动产生的批评，即指向“完成理性化、冲破旧观念并进行系统化论证的重大使命”，以使思维与实践协调一致。但这种“操作性批评（*critica operativa*）”的问题在于，“其目的不是抽象地思考，而是‘设计’出具有丰富想象力的明确取向”，因而，“操作性批评体现了历史与设计的结合。我们甚至可以说，操作性批评在走向未来的同时，设计了过去的历史……它的理论基础就是实用主义和工具论的传统。”[20]

然而，批判性回溯并非再次回到进步观念，为现代建筑史的研究进程构筑线性历史，也并非要否认早期建筑史学家的独特作用，以及我们前辈们引介和转译的开创性工作和历史性贡献。相反，建立对知识形成及其演变过程的自觉认识，能使每一阶段的学术成就以及局限性更加明晰，也使学术遗产的价值更为显现，并以此看到，历史观念转变带来的，是结构性的历史（structural history）向叙述的历史（narrative history）的转化[21]，历史的构建将更加开放、包容和多元。

比如，风格仍是现代建筑史的核心议题，而有了批判性认识，19世纪的各种风格就不是以几种“复兴”归类，而是可以进入这样丰富的维度中展开讨论：风格意识如何产生，古希腊罗马风格之争的缘由，风格如何引发建筑的起源说，风格如何连接民族国家的身份表达，等等。由此，历史可以引向深度认识：风格意识与风格之争的根本，源于新的时间观念，以及文化的可选择性意识。

再比如，有了批判性回溯，还可以使我们在转译西方现代建筑史过程中的局限与困难显现出来。在基于“时代精神”与进步观念的线性历史中，一方面我们尚未获得对新技术领域的系统认识（如对于19～20世纪建造技术史的知识积累），缺乏对科学思维（如结构理性主义思想）的深刻解读，另一方面，我们缺乏对现代建筑有关风格（style）与形式（form）这些西方话语的辨别力，这涉及西方现代建筑史学研究与艺术史学的理论与方法的渊源关系，比如，吉迪恩和尼古拉斯·佩夫斯纳（Nicolas Pevsner）的史学研究与沃尔夫林（Heinrich Wölfflin）、李格尔（Alois Riegl）等艺术史学家的渊源关系。

当前的教学探索

最后，以这样的历史回溯和批判性思考，谈一下近年来同济西方现代建筑史教学在内容组织和教学方法上的探索和努力方向。主要有以下三个特点：

第一个特点：展开复线的历史叙述

复线的历史叙述不仅旨在改变“时代精神”与进化论观念下的线性历史结构，也试图摆脱主观目的论的历史学习，回归到历史现象自身的复杂性和矛盾性中。教学内容的变化集中显现在对18～19世纪欧洲建筑演变的复杂叙述。因此，首先调整了以往的古典复兴、浪漫主义和折中主义的现象分类，因为这种分类看似复杂，但实质单一，都是为了证明其违背时代精神而终遭历史淘汰。在现在的叙述中，历史主义既呈现出一个时代的矛盾和困惑，但也包含着为承接新旧世界作出的多种创造性探索。具体以这样的内容展开学习：

引子：17世纪的建筑理论（科学革命、古今之争、对古典美学原则的挑战）

考古，历史意识与风格意识，美学转入历史范畴

新的美学范畴，壮美（sublime）与如画（picturesque）

革命性的建筑师（Piranesi、Boullée、Ledoux、Soane、Durand）

起源说，风格的建构，民族国家的身份认同

工程学的独立，工程技术的发展与运用

结构理性主义与建构的讨论：法国与德国

类型学，标准化与经济性概念

公共建筑与城市空间：剧院、博物馆与百货店

这里，科学革命和各种观念变革是认识现代建筑历史的出发点。复线的历史不仅超越线性历史，打破了简单的历史分期（periodisation），而且还将呈现出思想、人物和作品可能跨越的多条线索，以及一条线索中可能包含的多种表现。

第二个特点：展开多样的历史叙述。

关注历史叙述的多样性，是基于这样的立场：历史现象或历史对象很难以一种解说形成确定性的认知。换言之，承认历史叙述与评价的多面性、多维度和不确定性，使历史学习成为开放的认知过程，既能包容历史的丰富与复杂性，也能够最大限度地吸收各种历史研究

的学术成果与学术思想，呈现学科内涵的丰富性，有利于在比较中培育学生的观察力、批判力和探索力。以下是几个教学环节中的例子。

举例一：关于现代建筑史的起点从何开始，有哪些叙述，为何如此。学生从各种历史学家的文本中找到不同答案：对吉迪恩来讲，是巴洛克空间以及 18 ~ 19 世纪那些不加掩饰地将铸铁材料表现出来的建筑；对于佩夫斯纳，是莫里斯与英国的艺术与手工艺运动；对于柯林斯，则是 18 世纪新的历史意识和观念变革，四位世纪转折时期的建筑师索恩（John Soane）、布雷（Étienne-Louis Boullée）、勒杜（Claude-Nicolas Ledoux），迪朗（Jean-Nicolas-Louis Durand）是现代建筑的先驱；而按弗兰姆普敦的认识，现代建筑"必不可少的条件出现于 17 世纪末期，即医师兼建筑师克劳德·佩劳（Claude Perrault）向维特鲁威的比例关系学的普遍可行性提出挑战，以及工程学与建筑学明显分离（以 1747 年巴黎道路桥梁学院成立为标志）的两个时刻之间"。[22]

举例二：柯布 1920 年代的住宅设计有哪些解读，如何由此呈现现代建筑特征的多种认识。这里引入的文献有：柯林·罗的"理想别墅的数学"和"透明性"，柯蒂斯（William Curtis）在《勒·柯布西耶，观念与形式》[23]一书中的相关叙述，以及 Francesco Passanti 的"乡土，现代主义，柯布"中的另类诠释[24]。

举例三：密斯的巴塞罗那博览会德国馆的阅读，用弗兰姆普敦在《建构文化研究》中的阅读，以及埃文斯（Robin Evans）的"密斯·凡·德·罗的似是而非的对称"[25]。

第三个特点：形成若干主题的历史叙述。

建构围绕现代建筑若干主题的历史叙述，将人物、思想与作品关联起来，既能避免历史的碎片化，又能紧扣历史时期的建筑问题和复杂状况，既利于保持学科话语的自主性，也有利于重建历史的连续性。不仅如此，围绕主题的学习还能推动开放性的教学组织，使教学团队成员的研究特长得以更积极的发挥，也能持续引入欧美一流学者，以他们的特长参与教学，推动质量提高，推动学术的多元化和生命力。比如今年瑞士著名建筑历史学家沃纳·奥希思林（Werner Oechslin）教授带来的系列精彩讲座，又为我们的历史教学提升了难得的高度[26]。

上述关于 18 ~ 19 世纪欧洲建筑进程的教学内容，就是围绕主题组织的。对于 19 世纪末至二次大战后现代建筑发展的关键历史时期，我们的教学也尝试了围绕主题的内容重组，并仍在开放性的架构中持续充实与完善。这些主题包括：工业、艺术与形式的探索，新技术与建构理论，空间结构与自由平面，有机建筑，乡土的现代主义（vernacular modernism），建筑与城市（CIAM、小组 10 及结构主义），建筑电讯派 – 新陈代谢，等等。

以主题为线索的叙述，还可以使理论学习在历史中积极展现，同时也可以更加清楚地呈现建筑内部的丰富性和多样性。例如关于现代建筑自由平面的专题学习，课程以文艺复兴、法国古典主义到 18 ~ 19 世纪英国的一系列住宅平面变化为引子，以如画式园林的自由空间结构为起点，呈现了路斯的空间组合（Raumplan）、密斯的流动空间、柯布的自由平面、赖特的自由空间以及夏隆与李承宽的德国有机建筑的景观空间的多样性。

以历史学家杜赞奇的话来再次阐明，为何复线的历史和多样的叙述将是我们现代建筑历史教学的努力方向，因为这是一种建构历史认知地图（cognitive mapping）的途径，它能：

使我们能够把历史定位于不同的话语缝隙之间、定位于不同话语的边际之处、定位于不同话语的空间之中。从这一有利的位置出发，批判性的史学就能够将权力历史化、解体化。在揭示被认为是原始的、排他的、连贯的身份认同的历史性时，复线的历史质疑那些试图以文化权威性的名义来固定社会界限者的观点。这种真实性缺少宽容与互相依赖的能力，因为它不愿承认自身内部的"他者"。[27]

与此同时，主题性的历史叙述既有丰富的包容性，既能体现学科的自主性和生命力，又反映西方建筑的历史嬗变与文化特性，使现代建筑作为"一种新传统的成长"的历史面貌真正显现出来。

最后，这样的历史学习也完全可以作为一面镜子，审视我们关于中国自身近现代建筑发展的历史是如何叙述、如何认知又是如何评价的。

（项目资助：国家自然科学基金资助项目，项目编号：51478316）

注释：

[1] 罗小未主编．外国建现代建筑史 [M]．北京：中国建筑工业出版社，2004：3．

[2] 译著引进有，（希腊）帕纳约斯蒂·图尼基沃蒂斯著．现代建筑的历史编纂 [M]．王贵祥译．北京：清华大学出版社，2012．

[3] 吉迪恩的这部著作在 1940 年代被列入圣约翰大学建筑系的教学参考书目中。见钱锋，伍江．中国现代建筑教育史 1920 ~ 1980[M]．北京：中国建筑工业出版社，2008：110．

[4] 同济外国建筑史教学组自 1960 年代初起至 1980 年代，编撰修订西方近现代建筑史教材共近十次。

[5] 同济大学、清华大学、东南大学、天津大学．外国近现代建筑史（第一版）[M]．北京：中国建筑工业出版社，1982．

[6] 罗小未主编．外国近现代建筑史（第二版）[M]．北京：中国建筑工业出版社，2004．这一版对二次大战后以及当代建筑的内容作了大量补充，但 19 世纪至 20 世纪二次大战前的内容并没有太多变化，并延续了之前的历史观。

[7] 这里对自 1950 年代以来国内西方建筑史教学的发展历程未有展开，但笔者认为以进化论和时代精神观念解释西方现代建筑历史发展的基本认识并无实质性的变化。

[8] 同济大学、清华大学、东南大学、天津大学．外国近现代建筑史（第一版）[M]．北京：中国建筑工业出版社，1982：60．

[9]（美）巴里·伯格多尔著．1750 ~ 1890 年的欧洲建筑 [M]．周玉鹏译．北京：清华大学出版社，2012：3．伯格多尔在书中提到，这种观念与认识在西方建筑界也是直至 1960 年代才开始有所转变的。

[10] Siegfried Giedion. *Sapce, Time and Architecture, the growth of a new tradition* [M]. Cambridge: the Harvard University Press, 1947: 5

[11] 根据笔者的教学经历以及相关考察认为，虽然彼得·柯林斯的《现代建筑设计思想的演变 1750 ~ 1950》以及肯尼斯·弗兰姆普敦的《现代建筑：一部批判的历史》等著作于 1980 年代即已翻译出版，但真正引起史学史讨论的状况并未真正形成。

[12]（英）彼得·柯林斯著，英若聪译．现代建筑设计思想的演变，1750 ~ 1950[M]．北京：中国建筑工业出版社，1987：9．

[13] 同上：110–112。

[14] 黄作燊、冯纪忠、吴景祥、罗维东等前辈从不同教育背景中带来对现代建筑的认识。详见拙文"同济早期现代建筑教育探索"，时代建筑．2012（3）：48–53．

[15] 据罗小未教授回忆，1982 年版的《外国近现代建筑史》教材中究竟应写"四个大师"还是"五个大师"曾意见不一。她比较主张将阿尔托作为第五个大师单独介绍，这个意见在 2004 年其主编的修编教材中体现出来。

[16]（英）彼得·柯林斯著．现代建筑设计思想的演变，1750 ~ 1950[M]．英若聪译．北京：中国建筑工业出版社，1987：9．

[17]（美）肯尼斯·弗兰姆普敦著．现代建筑：一部批判的历史 [M]．张钦楠译．北京：中国建筑工业出版社，2004：3–4．

[18]（美）巴里·伯格多尔著．1750 ~ 1890 年的欧洲建筑 [M]．周玉鹏译．北京：清华大学出版社，2012：6–7．

[19] 如，对肯尼思·弗兰姆普敦《建构文化研究：论 19 世纪和 20 世纪建筑中的建造诗学（修订版）》的译介（王骏阳译．北京：中国建筑工业出版社，2007），对柯林·罗"理想别墅的数学"以及"透明性"（罗伯特 斯拉茨基著．透明性 [M]．王又佳，金秋野译．北京：中国建筑工业出版社，2008）等文献的引入和广泛讨论。

[20]（意大利）曼弗雷多·塔夫里著．建筑学的理论和历史 [M]．郑时龄译．北京：中国建筑工业出版社，2010：112．

[21] Dana Arnold. *Reading Architecture History* [M]. London and New York: Routledge, 2002: 1–13.

[22]（美）肯尼斯·弗兰姆普敦著．现代建筑：一部批判的历史 [M]．张钦楠译．北京：中国建筑工业出版社，2004：3–4．

[23] William Curtis, *Le Corbusier, Ideas and Forms* [M]. Phaidon, 1999: 71–84.

[24] Francesco Passanti, The Vernacular, Modernism and Le Corbusier. Edited by M. Umbach and B. Huppauf, *Vernacular Modernism Heimat, Globalization, and the Built Environment* [M]. Stanford University Press, 2005: 141–156.

[25] Robin Evans, Mies van der Rohe's Paradoxical Symmetries, *translation from drawing to building and other essays*, The MIT Press, 1997: 231–276.

[26] Werner Oechslin，瑞士著名建筑历史理论家，曾任瑞士苏黎世联邦理工大学（ETH）艺术及建筑历史教授、建筑历史与理论研究所（gta）所长，现主持 Werner Oechslin 图书馆及图书馆基金会，发表了超过 600 篇关于 15 ~ 20 世纪的西方建筑和艺术史的文章及著作，代表性著作有 *Otto Wagner, Adolf Loos and the road to Modern Archtiecture* (Cambridge Univeristy Press, 2000) 等。

[27] [美] 杜赞奇著．从民族国家拯救历史：民族主义话语与中国现代史研究 [M]．王宪明等译．南京：江苏人民出版社，2009：229．

作者：卢永毅，同济大学建筑与城市规划学院建筑系　博导，教授

近三十年华南理工大学建筑史学教育与学科定位

吴庆洲　冯江

Education and Disciplinary Orientation of Architectural History in South China University of Technology since 1981

■摘要：论文回顾了自1981年“建筑历史与现代建筑理论”博士点设立以来的华南理工大学建筑史学教育的概况，涉及本科、硕士、博士不同阶段，包括博士与硕士的论文选题分析和毕业后去向、2005级以来在建筑学学士学位教育框架下开展历史建筑保护专门化教学改革的简况等。文章同时讨论“建筑历史与理论”专业的学科定位问题。
■关键词：建筑史教育　华南理工大学　专门化教学　学科目录　学科定位
Abstract: The article makes a review of the architectural history education in South China University of Technology since the establishment of the doctorial station of Architectural History and Modern Architectural Theory, including three periods of Bachelor, Master and Doctor. It analyzes the topic selection and the career selection of master and doctor thesis, as well as the exploration of specialization teaching of Historic Building Conservation under the skeleton of Bachelor of Architecture education. The article also discusses the disciplinary orientation of architectural history.
Key words: Architectural History Education; South China University of Technology (SCUT); Specialization Education; Discipline Catalogue; Disciplinary Orientation

1981年“建筑历史与现代建筑理论”博士点的设立对华南理工大学建筑史学教育具有非常重要的影响，自此，本科、硕士、博士三个阶段的建筑史学教育逐渐形成了一个相互衔接的完整体系。

从2004年开始，陆续有论文对华南建筑史研究生的培养和博士学位论文概况进行回顾[1]，2010年中国建筑史国际研讨会在广州召开时，进行了华南建筑史学教育的专门展览。与之前的论文和展览不同，本文着重讨论华南理工大学在本科、硕士、博士三阶学位中开展建筑史学教育的总体情况，以及相邻阶段之间的衔接情况。同时，结合科学技术史、艺术史和其他专门史学科的情况，讨论“建筑历史与理论”专业的学科定位问题。

1. “建筑历史与现代建筑理论”博士点设立以来华南建筑史博士培养概况

1981 年 11 月 26 日，华南工学院（今华南理工大学）和南京工学院（今东南大学）一起首批获得国务院批准，设立“建筑历史与现代建筑理论”博士点（即后来的建筑历史与理论博士点），龙庆忠（非了）先生 1984 年招收了第一位博士研究生吴庆洲（图 1）。

从 1987 年吴庆洲博士毕业（1986 年 10 月提交论文）至 2014 年底，建筑历史与理论博士点一共毕业了 84 位博士[2]，先后有龙庆忠、陆元鼎、邓其生、刘管平、吴庆洲、程建军、唐孝祥、郑力鹏 8 位博士生导师，杨鸿勋先生也作为顾问教授共同指导，其中龙先生培养了五位（图 2）。博士毕业生最多的一年是 2007 年，共 9 名，有 7 个年份没有人毕业。

博士在学时间普遍为 5 年以上，最长的 10 年，最短 3 年。早年的博士研究生绝大多数脱产专攻学位，大多 3–4 年毕业，随着在职博士生人数的增加和博士毕业后的去向选择相对变得困难，平均在学时间明显变长。近年学校开始清退在学时间过长的博士研究生，规定了最长在学时限。到 2014 年底为止，已退学的建筑史博士生共 15 位，无论对于这些博士生还是对于学校，不能不说是一种遗憾，因为实际上造成了教育资源的浪费。学校和学院采取各种措施解决博士研究生的拖延症问题，加强对博士研究生的管理，力求提高博士生的培养质量。建筑学院学位委员会 2014 年规定，由学院审核培养计划，研究生每半年或一年举行研究进展报告会，向同方向的导师组报告研究进展，并且对三年未毕业的学生开始发出警告。[3]

据初步统计，在 2014 年底之前毕业的 84 位博士中，23 位攻读过建筑历史与理论专业的硕士学位，46 位来自建筑学其他二级学科，15 位则跨一级学科来攻读建筑史博士，应该说这与龙先生早年提倡学科交叉不无关系。从美术院校前来攻读博士学位的共有 6 人，他们在广州美术学院、中山大学、美术馆和美术出版社从事美术理论研究和美术教学，而美术学科很长时间内没有博士点，因此他们选择相对接近的建筑史学科攻读博士。另外，来自香港和台湾的博士有 3 名。

建筑历史与理论博士的去向以高校为主，59 位成为高校教师，包括华南理工大学、中山大学、西安建筑科技大学、华中科技大学、北京建筑工程学院、昆明理工大学、西南交通大学、厦门大学、广州美术学院、广东工业大学、广州大学、华南农业大学、河南大学、广西大学和一些职业技术学院、地方院校（其中 29 位攻读博士时本来就是在职高校教师）。也就是说，建筑历史与理论博士点培养的人才绝大多数投身于我国的建筑教育和美术教育事业。另外，12 位毕业后成为供职政府部门的技术官员（8 位在职攻读），8 位进入设计机构，2 位从事房地产，媒体、文创行业各有 1 位，还有 1 位博士在台湾担任小学教师。有些博士毕业一段时间之后更换了职业，多位选择进入房地产行业。随着高校教师队伍逐渐饱和，建筑史博士需要考虑新的去向，例如进入博士后流动站、科研机构或者自主创业。

对 84 篇建筑史博士学位论文进行分析，按照传统的分类[4]，古代建筑史研究 12 篇，近代建筑史研究 3 篇，现当代建筑研究 3 篇，城市史 20 篇，民居研究 9 篇，村镇聚落研究 4 篇，技术史 2 篇，艺术史 6 篇，园林史 4 篇，建筑与城市防灾 5 篇，美学 5 篇，遗产保护研究 2 篇，城市形态研究 2 篇，图像学研究 2 篇，建筑理论、城市规划、伦理学、社会经济史、思想史各 1 篇（图 3）。论文选题呈现出多元特点，而又以城市史、建筑与城市防灾、古代建筑史、民居与聚落研究、装饰研究相对较多，可以说形成了华南建筑史学博士教育的基本特点。龙

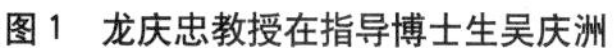
图 1　龙庆忠教授在指导博士生吴庆洲

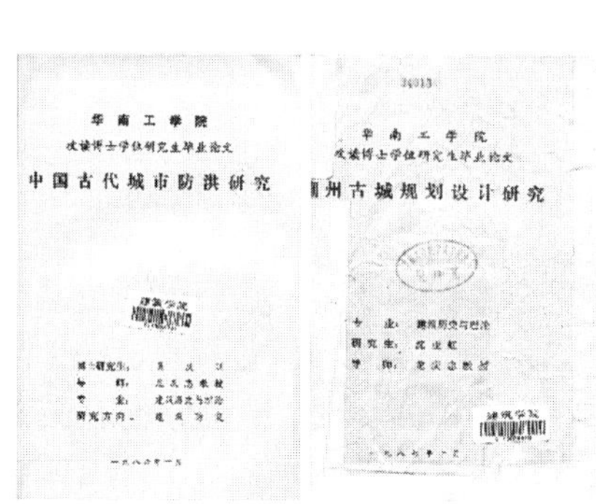

华南工学院
攻读博士学位研究生毕业论文
中国古代城市防洪研究

华南工学院
攻读博士学位研究生毕业论文
潮州古城规划设计研究

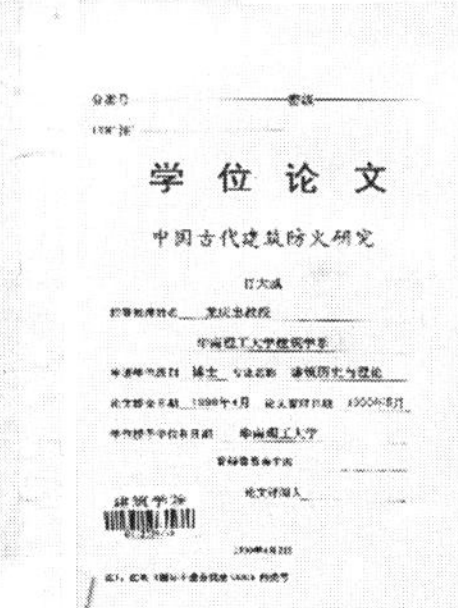

学位论文
中国古代建筑防火研究

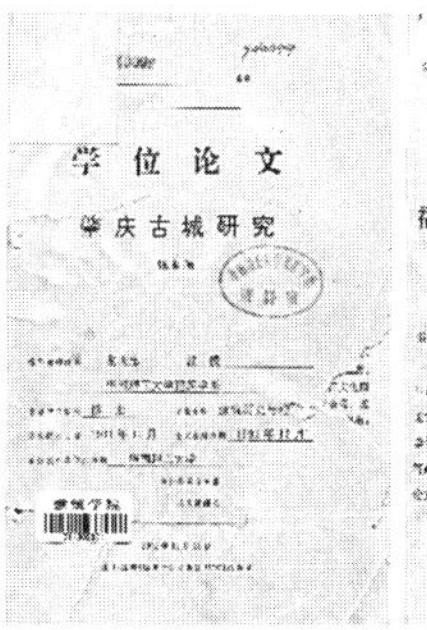

学位论文
肇庆古城研究

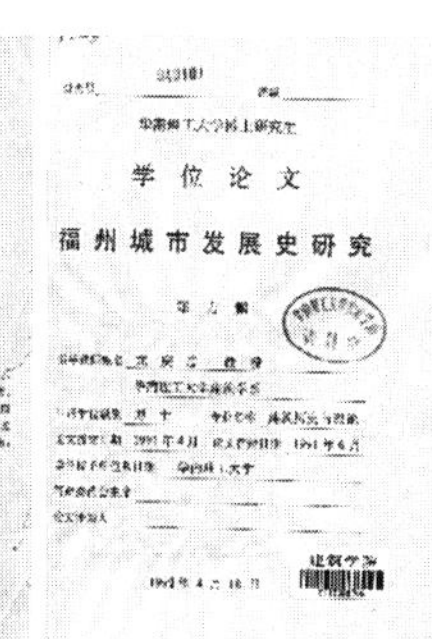

学位论文
福州城市发展史研究

图 2　龙庆忠先生指导的五篇博士学位论文封面

先生指导博士完成的论文包括城市史、建筑与城市防灾两种选题[5]，其后，陆元鼎先生指导的博士较为集中地选择了民居研究，近年来，选题为城市史的博士学位论文越来越多，总数达到了 20 篇。

但事实上，论文不能仅按上述分类统计，尤其是从 2002 年开始，越来越多的论文出现了明显的双重属性，即两个研究领域的结合，例如文化人类学与民居研究的结合、古建筑与宗教的结合等等。26 篇论文从题目上就清晰地体现出两种视角的同时存在，其中，“民居”与“文化”结合的有 4 篇，“民居”与“聚落”结合的有 2 篇，民居与图像学研究结合有 1 篇，聚落研究与城市化、技术史、文化研究结合各 1 篇，古代建筑史与宗教研究结合 2 篇，古代建筑史分别与社会经济史、思想史、伦理学研究结合各 1 篇，城市史与思想史研究结合 1 篇，防灾研究与城市史结合 2 篇，防灾研究与聚落结合 1 篇，艺术史与近现代建筑结合 2 篇，园林史与艺术史结合 1 篇，美学与古代建筑史、近代建筑史和现当代建筑结合的共有 4 篇，表明许多博士在建筑史研究中尝试引入其他学科的视角和方法，或者在界定更明确的范畴内进行细致深入的研究。

换一个角度来看这些论文，会发现 59 篇论文所完成的是地域建筑史和地方城市的研究。从研究对象的地域分布上看，以岭南为地域范围的共 49 篇，百分比占 58.3%，这可以说构成了华南理工大学建筑史学博士论文最重要的特点，究其因，既与岭南的传统文化土壤保存较好和研究条件较为便利有关，也与龙先生和之后的博士生导师们着重研究地域建筑史学的意识有关。

从博士学位论文的完成质量看，因为已经逐渐积累了研究的方法和论文写作的基本范式，论文水平趋于稳定，部分论文寻求新的突破，但最需要加强的仍然是扎实的基础训练和史学方法的学习，而这些基础应该是在硕士阶段奠定的。

2. 华南建筑历史与理论硕士的培养

在“文革”之前，龙庆忠先生曾经招收过研究生，当时的研究生包括后来曾担任广州市副市长的石安海先生和担任广州市设计院总建筑师的伍乐园女士。真正的硕士学位教育始于“文革”之后，华南从 1979 年开始招收建筑历史与理论的硕士生，先后有 12 位硕士生导师。到 2014 年底，一共培养了 162 位硕士学位获得者，另有数名学生选择了硕博连读。在华南理工大学，还有多位在建筑历史与理论专业获得博士学位的老师在其他硕士点包括建筑设计及其理论、城乡规划、风景园林招收硕士生，所指导的学位论文中多有与建筑史相关者，但本文未加统计。

根据教育部部署，华南理工大学 2010 年开始有包括建筑学硕士在内的共六个专业学位类别全日制学历教育，已有多名完成建筑史或者遗产保护论文的专业学位硕士毕业。目前，虽然在培养时间、课程计划等方面已经与学术型硕士有所区别，但真正适合专业型学位的培养特点尚在探索之中。

绝大多数攻读建筑历史与理论专业的硕士生本科阶段学习建筑学或者城乡规划、风景园林等相关学科，也有多名学生来自英语、计算机、土木工程、物理等其他学科。建筑史方向的硕士生毕业后去向较为分散，据不完全统计，10 位继续攻读博士，65 位进入设计单位，4 位到政府部门工作，37 位到学校任教，17 位任职房地产公司，9 位赴海外留学。

建筑历史与理论专业公布的主要研究方向包括：

1. 传统建筑理论与设计
2. 现当代建筑理论
3. 城市史
4. 城市与建筑防灾
5. 城市与建筑遗产保护
6. 建筑美学。

但实际上论文选题不拘此限。162 篇硕士学位论文中，古代建筑史研究 32 篇，近代建筑史研究 17 篇，现当代建筑研究 6 篇，城市史 13 篇，民居研究 24 篇，村镇聚落研究 8 篇，技术史 8 篇，艺术史 6 篇，园林史 9 篇，建筑与城市防灾 4 篇，遗产保护 30 篇，建筑文化研究 4 篇，图像学研究 1 篇（图 4）。从数量上看，研究古代建筑史、遗产保护、民居的论文相对较多，其次是近代建筑史、城市史、园林史、聚落史和技术史，而研究现当代建筑理

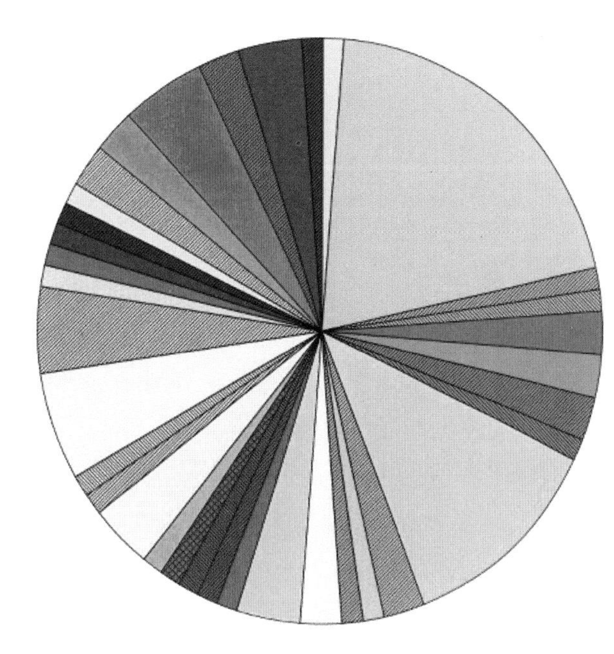

图 3　华南理工大学建筑历史与理论博士学位论文选题构成分析

论和建筑批评的相对较少。与博士论文不同的是，硕士论文总体上以具体问题作为研究对象，触及较深刻的理论分析的不多。

硕士论文中研究地域范围为岭南地区的共有 110 篇，占全部论文的 67.9%，与博士论文中重视地域建筑史研究高度一致，所占比重更高，应与硕士生的在学时间和研究条件受到更多限制有关。

从硕士学位论文的情况来看，遗产保护方面的选题逐渐增多，而真正的历史研究和理论研究则较为缺乏，这与史学理论修养不足有关。来自其他专业的学生之前对建筑学接触相对较少，若两种专业结合较好能产生具有创新性的论文成果，不然则易出现“两张皮”、“两头不到岸”的现象。

史学理论修养较为欠缺的一个重要原因是未开设史学史课程，学生对史学史的学习主要靠自己的兴趣，大多数硕士生在论文的研究综述中才有所涉及，导致了论文的理论水平参差不齐。

许多学生在硕士阶段才真正开始建筑史的系统学习，这与大多数建筑院校本科阶段的建筑史学教育普遍较为欠缺有关，建筑史课程数量、学时、建筑史教师配备不足，教学质量难以得到保证。

3. 本科建筑史课程体系与专门化探索

在 2002 年以前，和全国大多数建筑院系一样，华南理工大学本科的建筑史教学以中国建筑史与外国建筑史为主，同时辅以几门有关岭南建筑、园林的课程。之后比较大的转变主要有三次：一是 2003 年尝试调整建筑史教学模块并在 2008 年的培养计划中正式确定，增加了建筑历史类课程的门数，必修和选修课一共开设九门，采用教师组的形式开展教学，在东南大学举行的首届中外建筑史教学研讨会上已有介绍，在此略过；二是从 2005 级开始设立历史建筑保护专门化方向，从建筑史率先开始尝试专门化教学；三是 2012 年再次修订培养计划，专业基础课程普遍提前，“建筑史纲”仍开设在一年级，“中国建筑史”、“外国建筑史”从三年级移至二年级，“西方现代建筑思潮”课程、测绘实习从四年级移至三年级[6]，四、五年级只设专门化课程。

本文着重介绍专门化教学的情况。

最初，设立历史建筑保护专业的建议是由学校提出的，其初衷是开展专门的文化遗产保护教育，以适应社会的需要。但在具体的执行中，我们选择了在建筑学学位教育框架下展

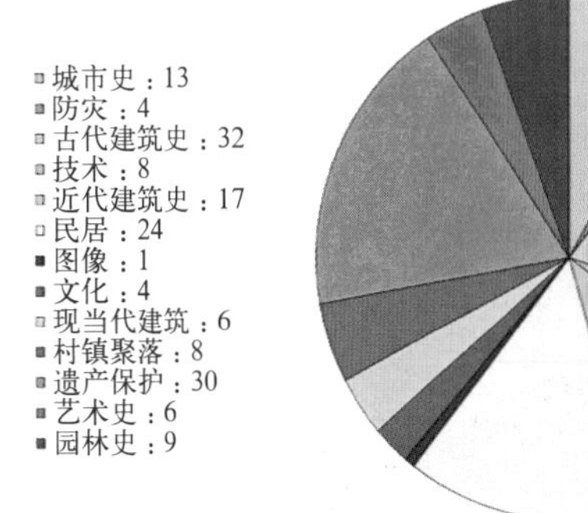

图 4　华南理工大学建筑历史与理论硕士学位论文选题构成分析

开专门化教学而不是独立招收新生，主要考虑到几个方面：如果招收的学生全部专注于遗产保护的学习，本科毕业后的就业诉求和社会能够提供的就业机会并不匹配，而且暂时也不需要这么多学生全部从事遗产保护和攻读建筑史研究生，有很多学生更愿意成为具有历史知识和历史意识的建筑师，而不一定愿意成为一名建筑史学家或者遗产保护建筑师，专门化教学同时考虑了这部分学生的诉求。在筹备的过程中，也正好出现建筑史研究生生源短缺和素质下降的问题，本科学生普遍不了解建筑史研究生学什么、将来做什么，规划与景观的学生专业归属感增强，几乎不再选择保送或报考建筑史的研究生，这促使学院和建筑史的老师们更坚定地开展专门化教学。

参与历史建筑保护专门化教学的学生前三年的学习与建筑学专业完全同步，三年级结束时由学院组织建筑史老师向学生宣讲，学生自主报名，学院选拔 16 ~ 20 名学生进入从四年级开始的专门化教学过程。最初四年每年招收 16 名学生，从 2009 级开始招收 20 人。由于有低年级的建筑史教学基础和前几届师兄师姐的榜样，连续几年学生报名人数远超限额，大多是学有余力、综合成绩优秀的学生。经过两年的专门化学习，学生本科毕业时除获得建筑学学士学位外，还获颁一张由建筑学院院长何镜堂院士签名的历史建筑保护专业学习证书。历史建筑保护专门化教学强调建筑史、遗产保护与建筑设计教学的结合，鼓励学生保持阅读、写作、动手操作和讲述的习惯，这让许多本科学生对建筑历史与理论有了更多了解，产生了更浓厚的学习兴趣，而且，发现建筑史原来是“有用的”。

到 2014 年 6 月，历史建筑保护专门化方向共毕业了五届 84 名学生，其中 49 名到国内高校攻读研究生，入读清华大学、东南大学、同济大学、天津大学、南京大学和华南理工大学等校，令人欣慰的是攻读建筑历史与理论的有 22 名；赴海外留学的学生 27 名，入读哈佛大学、麻省理工学院、宾夕法尼亚大学、东京大学、苏黎世联邦理工大学、代尔夫特理工大学、伦敦大学、墨尔本大学、挪威卑尔根建筑学校、亚琛工业大学、香港大学等分布于九个国家和地区的高校。

历史建筑保护专门化教学的整个过程强调在建筑学学士学位教育的框架之内开展，注重建筑学综合能力的培养，若仅就建筑历史和遗产保护而言，虽然开设了多门课程，在许多方面有所涉猎，但总体上仍然只是为学生打开一扇新窗口的启蒙阶段，更多的是为未来的学习和职业生涯提供历史素养和坚实的知识基础。

4. 关于建筑史学科定位的思考

在 1990 年 10 月由国务院学位委员会和国家教育委员会联合下发的《授予博士、硕士学位和培养研究生的学科、专业目录》（以下简称《学科目录》）中，建筑历史与理论是建筑学的二级学科，代码 081201；1997 年版的《学科目录》中建筑历史与理论仍然是二级学科，代码变成了 081301。2011 年 2 月国务院学位委员会第二十八次会议审议批准的《学位授予和人才培养学科目录（2011 年）》做出了重大改变，建筑学、城乡规划、风景园林成为三个一级学科，构成学科群，这种细分对于整体的学科发展很有帮助。这三个一级学科都没有再设立二级学科，而各有数个学科方向，其中包括了五个与历史研究和遗产保护有关的方向（建筑历史与理论、建筑遗产保护方向、城乡发展历史与遗产保护规划方向、风景园林历史与理论、风景园林遗产保护），但是这些方向并没有出现在《学科目录》里，也就是说，建筑历史与理论在官方发布的学科目录上消失了。这会给建筑史学科带来怎样的影响？

曾经，建筑历史与理论是科学技术史和其他专门史学科所羡慕的对象，在 1981 年就有两所大学设立了博士点，当时大多数科技史、艺术史和专门史学科都只有硕士点。科学技术史在多位院士和著名教授的呼吁（《关于自然科学史学科专业设置调整的意见》）以及李约瑟巨著《中国科学技术史》（Science and Civilisation in China）的影响之下，经历多年的努力，才终于在 1997 年的学科目录中被列为一级学科 [7]。而建筑史、造船史、水利史等专门史在各自的一级学科框架内很早就有了博士点。

从建筑史学的特点来看，有技术史、艺术史、社会经济史和文化史等几种常见的角度。目前，科学技术史是一级学科，37 所高校有博士或硕士学位授予权点；艺术史是二级学科，近年来贡献了不少优秀的研究；而社会经济史和文化史的成果更是层出不穷。相反，水利史和造船史学科目前每年毕业的博士数量非常之少，已几乎出现断层。

在"建筑历史与理论"作为二级学科时，全国具有博士学位授予权的学校一共有 8 所，2011 年学科目录调整之后，全国具有建筑学一级学科授予权的高校共 14 所，都可以开展建筑史博士教育，比之前有所增加 [8]。

但是，长远来看，建筑史从《学科目录》中消失究竟会带来怎样的影响？建筑史学科的独立性如何保持？仍然需要一段时间的观察才能知晓。

（致谢：华南理工大学 2013 级硕士研究生彭颖睿、东方建筑文化研究所林绮羚协助收集整理了历届硕士、博士学位论文题目。）

注释：

[1] 见参考文献 [1]、[2]、[3]
[2] 建筑学院其他博士点有多篇博士学位论文是建筑历史与理论方面的选题，未包括在此数据中。
[3] 华南理工大学建筑学院《关于提高研究生培养质量的指导意见》，2014 年 9 月 5 日
[4] 吴庆洲．龙庆忠建筑教育思想与建筑史博士点 30 年回顾——纪念恩师诞辰 109 周年 [J]．南方建筑，2012，02，P48–P53．
[5] 冯江．龙非了：一个建筑历史学者的学术历史 [J]．建筑师，2007，01，P40–P48．
[6] 华南理工大学建筑学院的测绘实习课程以前一直设置在四年级上学期结束之后，时间安排上晚于绝大多数建筑院系，主要是因为测绘实习需要以《中国建筑史》课程基础，而中国建筑史在三年级下学期上课，结束之后是暑假，南方夏季炎热，长时间户外工作容易中暑，因此推迟至四上结束之后进行。目前国内建筑院系普遍选择先上《外国建筑史》后上《中国建筑史》，因为前者相对容易学习且与建筑设计联系较为紧密，而这有可能形成一种导向，加剧了学生对外国建筑史的重视和对中国建筑史的陌生。有许多老师提出过如果中、外建筑史两门课程不能同时上，中国建筑史能否前置？这样的调整需要学院对整个课程体系进行重新思考，中国建筑史的任课教师也需要调整上课的内容和方式，使更多的低年级学生对中国建筑史产生浓厚的兴趣，并将对中国建筑史的理解结合到平时的建筑思考包括设计思考中去。
[7] 翟淑婷．我国科学技术史一级学科的确立过程 [J]．中国科技史杂志，2011，01，P23–P37．
[8] http：//www.cdgdc.edu.cn/webrms/pages/Ranking/xkpmGXZJ.jsp?yjxkdm=0813&xkdm=08

参考文献：

[1] 吴庆洲．继承先师事业，培育精英人才——谈建筑历史与理论专业研究生的培养 [J]．新建筑，2004，04，P62–P64．
[2] 吴庆洲．回顾和展望——关于建筑史研究生的培养 [J]．城市建筑，2005，03，P85–P87．
[3] 吴庆洲．龙庆忠建筑教育思想与建筑史博士点 30 年回顾——纪念恩师诞辰 109 周年 [J]．南方建筑，2012，02，P48–P53．
[4] 翟淑婷．我国科学技术史一级学科的确立过程 [J]．中国科技史杂志，2011，01，P23–P37．
[5] 刘征鹏．"建筑历史与理论"博士学位论文目录辑要 [J]．建筑史，2012，01，P213–P228．
[6] 冯江．龙非了：一个建筑历史学者的学术历史 [J]．建筑师，2007，01，P40–P48．
[7] 华南理工大学建筑学院资料室．华南理工大学建筑学院建筑学博士论文目录：1987 — 2002[J]．建筑史论文集：第 17 辑，P288．

作者：吴庆洲，华南理工大学建筑学院　教授，博导；冯江，华南理工大学建筑学院　副教授

清华学堂在线与《中国建筑史》MOOC 课程

王贵祥　张亦驰

MOOC: History of Chinese Architecture and Xuetangx

■摘要：本文介绍了作为清华大学首批 MOOC 课程的《中国建筑史》，从筹备到拍摄、制作、课程运营的全部过程，结合 MOOC 课程特点及学生反馈，总结课程的成功经验和不足之处，以及现阶段的课程成果与影响。
■关键词：中国建筑史　MOOC 课程
Abstract: This thesis introduces History of Chinese Architecture as one of the first MOOCs of Tsinghua University, from the early preparation, shooting, post-production to course operation. Being aware of the characteristics of MOOC and with the help of our online learner, we summarize the success and shortcomings of this one-year process as well as experience and influence.
Key words: History of Chinese Architecture; MOOC Course

一、背景

MOOC（Massive Open Online Course，大规模在线开放课程）是基于课程与教学论及网络和移动智能技术发展起来的新兴在线课程形式。2012 年，斯坦福大学教授创建的 Coursera 和 Udacity 在线学习平台上线，麻省理工学院和哈佛大学联合创办的 edX 上线，美国一流大学纷纷加入在线教育，这一年也随之被《纽约时报》称为“MOOC 年”。2013 年 5 月，清华大学、北京大学正式加入 edX 平台，10 月清华大学推出“学堂在线”平台（www.xuetangx.com），《中国建筑史（上）》（以下简称《上》）成为清华大学在学堂在线开设的首批五门课程之一，同时也是在 edX 与学堂在线同时上线的两门课程之一（另一门为电机系于歆杰教授主讲的《电路原理》）。[1]

2014 年 2 月，《中国建筑史（下）》（以下简称《下》）继续在双平台同时上线，目前讲课部分已基本结束，正在进行期末考核。

二、课程筹备与制作

1. 课程团队

与传统课程不同，一门完整 MOOC 课程的制作需要一个团队通力协作。《中国建筑史》的课程团队由授课教师、制作人，摄制团队、助教和课程志愿者，以及来自课程平台的技术支持团队共同组成（图 1）。

（1）授课教师

主要负责讲授内容的筹备，设计教学大纲，梳理知识点结构，设定受众知识水平和课程的风格。同时授课教师也需要出镜、主讲，并与制作团队探讨课程的呈现风格和形式。

（2）制片人与制作团队

《中国建筑史》课程的制作方为中国传媒大学凤凰学院。制片人在正式拍摄前需要和授课老师进行沟通，对讲授内容有一定了解，负责推敲镜头语言，清晰、直观地展现课程内容，同时对课程的风格进行把握，尽可能展示课程内容和授课教师的魅力。

制作团队则根据制片人的指示负责课程内容的拍摄和后期剪辑制作的工作。

由于本门课程需要较多历史、地理、文化等背景知识，讲述的主体建筑本身则需要大量图像和视频资料，“看图说话”的讲课方式需要语音与图像紧密结合，这些都决定了制作人在课程制作中至关重要的地位。制片人与教师、助教经过几轮讨论，大到视频的整体呈现风格，演播室布景，小到片头和视频中的装饰元素都反复推敲，最终取得了较为满意的效果。

（3）助教

助教的职责较多。在课程的整个制作和运营周期，都由助教担任项目经理的角色，负责学校、授课教师、制作团队、技术团队、课程发布平台等各方联络与协调工作。

在课程录制期间，负责教师与制作团队之间的协调配合，协助教师整理讲课内容、制作部分课程素材（图片整理、重绘，模型搭建），准备习题；起到类似监制的作用，在剪辑制作中在专业知识方面指导和协助制作团队。由于课程在中英文平台同时上线，助教还需要根据视频内容整理需翻译的文字，校核翻译完稿和样片，并根据剪辑完成的内容调整和翻译习题等；在课程上线之前，将视频、字幕、习题、补充资料等文件上传至课程平台，并在测试员的协助下完成最后的检查，减少出错；在课程上线后发布更新通知，及时通过邮箱、课程论坛等收取学习者的反馈，并回答论坛上提出的各类问题；伴随课程的进行，还会推出一些与课程内容相关的图文小专题，作为课程推广的内容发布在“学堂在线”的微信公众平台上；同时助教还要准备期中或期末考试题目，制定评分标准并批改试题。

由于助教的工作量较大，一门在线课程往往由多名助教组成团队、分工协作。《中国建筑史》上、下各有 5 ~ 6 名助教，均为建筑学院建筑历史与理论方向的硕士和博士研究生。

图 1　演播室效果

（利用建筑学院《古建筑测绘实习》课程的成果图纸制成演播室背景，录制时老师可以有多种姿势，镜头也可在全景与特写之间自由切换。）

（4）课程志愿者

课程志愿者分为两类。

一类为 Beta Tester（测试员），通过权限设置，可以在每周课程正式上线之前若干天提前看到所有发布内容。测试员在浏览所有内容之后向助教反馈出错情况。

一类为 Community TA（社区助教），由在论坛上较为活跃且有一定相关知识背景的学习者担任，负责在课程论坛回答问题。

课程《上》没有招募课程志愿者，《下》在开课时借鉴了其他课程的成功经验，在中、英文两个课程平台上各招募到活跃的测试员一名和社区助教若干。从《下》的反馈来看，由于测试员的工作，课程内容的出错率明显降低，且大大减少了助教的工作量。特别是英文平台，由于语言和文化的差异，存在很多中文平台上没有和无法预测的问题；来自美国的热心学习者 Ron Reno 每周都会做一个全面细致的总结，内容从拼写错误、语言逻辑的调整到对课程内容的质疑，以及一些文化差异上的反馈等等，为课程在 edX 平台上的成功运营做出了巨大贡献。

2. 课程内容

（1）课程大纲

经老师们讨论，全部课程共十六讲，上下部分各有八讲，由王贵祥、吕舟、贾珺、刘畅、贺从容五位老师讲授，内容与主讲老师安排如下：

①王贵祥 – 中国建筑概说

②吕舟 – 先秦与秦汉时期的中国建筑

③吕舟 – 三国、两晋、南北朝时期的中国建筑

④吕舟 – 隋唐时期的城市、宫殿、园林与寺观建筑

⑤吕舟 – 隋唐时期的建筑遗存与建筑技艺

⑥王贵祥 – 五代两宋辽金时期（10 至 13 世纪）的城市、宫殿与园林

⑦王贵祥 – 五代两宋辽金（10 至 13 世纪）的宗教建筑

⑧王贵祥 –10 至 13 世纪建筑遗存与宋《营造法式》

⑨贾珺 – 元明时期的城市与建筑（上）

⑩贾珺 – 元明时期的城市与建筑（下）

⑪刘畅 – 清代建筑概述与紫禁城

⑫刘畅 – 城乡生活与建筑类型

⑬刘畅 – 清代建筑技术与艺术

⑭贾珺 – 明清时期古典园林

⑮贺从容 – 中国传统民居建筑

⑯贺从容 – 中国多民族的建筑

课程并不满足于对中国建筑史知识普及性的介绍，而是定位于更为专业的研究型课程，因此相对于建筑学院本科生必修课程《中国古代建筑史》，各讲内容更具深度，视角更多元，案例更丰富。其中，第一讲作为课程概述，具有较强的理论性；2 ~ 13 讲按时间顺序和建筑类型分布介绍原始社会至清代中国各类型的建筑；14 ~ 16 讲则是关于中国园林、传统民居和多民族建筑的三个专题。各部分内容没有专门的教材，全部知识点都来自教师的总结和梳理，以及几位授课教师研究方向下的最新成果。李路珂、李菁两位年轻教师也参与了课程内容整理、素材收集的工作。

（2）拍摄与制作

Ⅰ. 宣传片

为扩大课程影响，更加生动形象地宣传课程内容，王贵祥、刘畅和贾珺老师亲自出境，在天坛、景山、北京胡同、蓟县独乐寺等地实景拍摄课程宣传片。宣传片采用亲切的“讲故事”风格，实地行走的画面配以古典风味的音乐，拉近了大师与普通学习者之间的距离（图 2）。

Ⅱ. 录制

全部十六讲课程的讲授部分都在摄影棚制作完成。使用 2 ~ 3 个机位同时录制，布景为静态画面。

在录制过程中，制片人与教师还不断讨论了各种角度的镜头对最终呈现效果的影响，最终决定取消学生作为听众的镜头和老师的侧面镜头，以正面全景和特写镜头为主，以增强师

图 2 宣传片在天津蓟县独乐寺取景

生实时交流的感受。

Ⅲ . 剪辑与制作

对于《中国建筑史》而言，完成录制仅仅是完成了一小半的工作量，更重要的是后期的剪辑与制作。

根据教育心理学的规律和课程知识点的分布，每个视频从 5 到 15 分钟不等，包含 1 至 2 个知识点；每讲视频总长约为 90 分钟，与一节传统课堂内容大致相等。这种模式可以有效减少在线学习过程中的"走神"现象，有助于帮助学习者保持注意力，从而提高学习效果。[2]

视频制作中，需要将大量的图像、视频素材与讲课语音关联。所有素材大致可分为五类：

①建筑案例（包括复原方案）的技术图纸，模型照片，以及具有一定表现力的建筑绘画等；

②实景照片，主要来自以往的实景拍摄、图书扫描和网络图片。

③二维动画，主要指在图纸上随老师讲课的内容不断给出相应指示的动画方式。这种动画制作较为简单，但效果明显，在整个课程视频中应用最为广泛；

④三维动画，演示建筑物的搭建过程、空间结构等；

⑤影视资料，包括建筑物的实景拍摄、影视作品中对历史场景的想象、复原等等。

最终呈现的视频以静态的图像展示为主，辅以说明性二维动画、文字和标注，减少其他不必要的装饰和动画效果。大量技术图纸的使用增加了课程的专业性，同时视频的整体氛围朴素、安静，利于学生将注意力集中到讲课内容本身上来（图 3）。

在素材收集和视频制作的过程中遇到了不少实际困难。例如一些图书和图纸由于年代久远，扫描出的图片效果不尽如人意，由于版权问题无法使用网络图库中质量较好的素材，难以收集到一些较偏僻文物、遗址和古画的高清图片等等。尽管如此，每位教师和助教都会尽可能从多个渠道搜集、整理素材，保证质量，这也保证了视频精致美观的效果。

在达到清晰、明确的基本要求之后，视频还希望能体现中国建筑史的课程特点。在课程《下》的制作中，经制作方与教师反复沟通，在摄影棚中使用建筑测绘图作为录像背景，视频使用统一、柔和的色调作为底色，各类提示框运用类似中国古建筑彩画的装饰样式等等，古典的风格得到了较好的表达。

Ⅳ . 翻译与英文版制作

由于课程在英文平台 edX 上线，所有内容都需要翻译成英语，且翻译要求准确、专业和连贯。负责全部十六讲翻译的是中国对外出版翻译公司，他们圆满地完成了此次课程的翻译工作，受到不少国外学生的好评。建筑学院外教何雅丽，博士生萨迪克和人文学院博士生于洋欢也协助翻译了部分内容。

与普通文献的翻译不同，《中国建筑史》课件中涉及大量专业术语，例如"厅堂""庑殿""斗栱"等等，要求统一使用专业、通用的说法；古典诗词和文言内容的引用也为翻译增添了不少难度。翻译中的主要参考书有梁思成《图像中国建筑史》（中英对照版本），Guo Qinghua,

A Visual Dictionary of Chinese Architecture 和 Nancy Shatzman Steinhardt（编），*A History of Chinese Architecture*，通过教师、助教和翻译的讨论，确定了一些主要术语的固定说法和翻译规范。对于较长的术语，首次出现时使用汉语拼音表示，在其后加注括号解释具体含义，再次出现则仅出现拼音，这样可以在解释清楚的同时保持行文的流畅。

最终完成的视频，前八讲为中英文双语视频，后八讲为使版面清晰，改为中、英文单独排版，学堂在线、edX 分别上传。

根据 edX 学习者反馈，纯英文视频虽然在清晰度上有所改进，但在与讲课语音的对应性上感受并不如双语排版，特别是对一些有一定汉语基础、可以听懂汉语授课，却不知道具体的写法的华裔学习者，双语视频提供的信息更多，也更容易接受。

三、课程运营

1. 上线

课程每周上线一讲，上下部分均持续八周。每周内容期限正常情况下为两周，学生需在截止时间之前完成习题。最初两周的截止时间可适当延长。

2. 学习资料、习题与考核

“课程信息”页面中的“课程讲义”栏允许教师以文件上传的形式向学生提供参考资料。在课程介绍中列举了一些参考书，某些小节中老师也会提供一些参考文献、阅读书目和视频资料，但由于版权问题，大部分资料仅限于介绍，并不能直接提供下载，为学习者提供的课外学习资源相对匮乏。

习题方面，每一小节视频之后都有一定习题，以选择、填空等客观题为主，搭配适量讨论题目。客观题相对简单，以在视频中出现的知识点为主。此类题目主要起到提升最初记忆强度，复习、巩固的作用。由于课程平台暂不支持在线提交作业及附件，主观题以讨论题的形式在讨论区开放，系统与助教均不批改，亦不计入课程成绩。尽管如此，讨论区答题氛围活跃，且不少学习者具有或深刻或独到的见解。

讲课内容结束后有期末测试。《上》延续平时习题的做法，以选择、填空作为期末考试内容，答题不限时，对学习者知识的巩固和消化起到的作用较弱，区分度也较差。

《下》目前采取更接近真实课堂的考试方式，学堂在线平台上，期末考试以客观题、作图题和实践题相结合。客观题为限时选择题，考查学生平时学习进度；作图结合课堂讲授的知识点，要求学生设计一个中国的院落群体，体现学生对知识点的理解和融会贯通；实践题要求学习者到访一处身边的古建筑、古村落，用照片、文字和简单的纸来概要描述这处建筑的特点。edX 平台上，前两项考试内容不变，实践题改为主观问答题和论述题。以上考试内容除客观题，都由助教批改（图 4，图 5）。

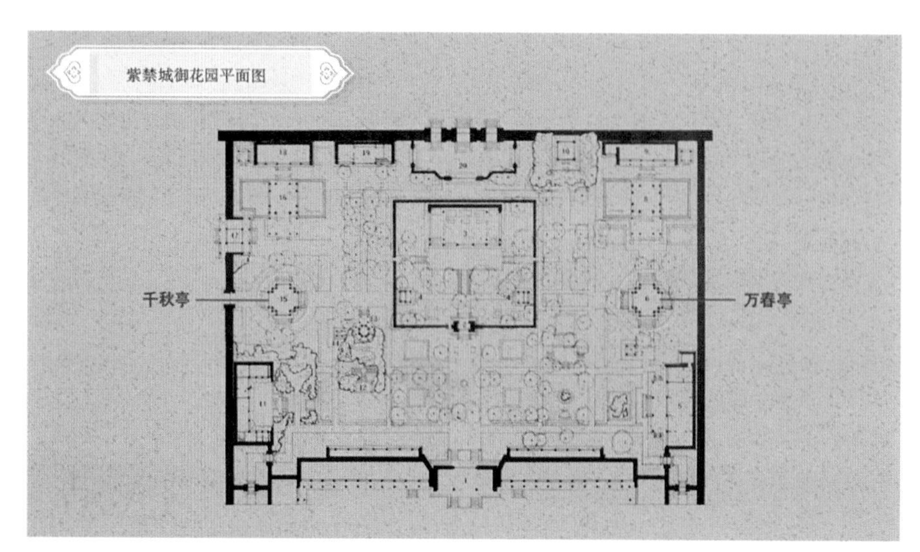

图 3　图纸素材和二维动画的呈现方式

为了使学习者适应新的考试方式，在《下》课程中期还加入了一项绘图作业作为热身和期中考试，要求学习者画出课程中讲到的清式构架或屋脊构造（二选一），作图方式不限。从两次考试回收的作业来看，不少学习者都有较好的知识基础，对课程的热情和参与度也较高。一部分学习者认为考试过于专业，并在论坛中表达了无法通过考试的担忧，如没有专业背景、没有美术基础等，但从成绩统计来看，能够按时提交平时作业，正常参加期中、期末考试的学习者，大都取得了不错的成绩。

尽管学习者互评，相互的学习和帮助暂时还难以通过课程平台来实现，但针对《中国建筑史》的课程特点，通过习题和考核方式的设计，尽量将在线课堂学生的“大规模”和“多样化”转化为教学优势。例如期末考核中的实践环节，答案经整理后可以作为课程成果发布在课程平台上，不仅为学习者相互的交流提供一份珍贵资料，对于教师和助教也是难得的拓宽眼界的机会，是真正实现了教学相长的环节。

3. 讨论区与互动

大规模的交互和实时反馈是 MOOC 不同于之前的远程教育的一个关键。[3] 健康、活跃的讨论区是良好课堂氛围的重要保障。学生在讨论区的话题大致分一下三类：

（1）技术疑难，包括网页、视频的正常显示及类似问题，一般由助教转交技术支持团队或由技术人员直接解决；

（2）讨论题回答：这类回复占本课程讨论区中的绝大部分，学生在有讨论题的章节的回复会被链接到论坛中。

（3）与课程内容相关的发言。由于讨论题回答的发帖数目巨大，在课程《上》的讨论区中并没有很好的分类方式，导致不少学生提问都淹没在茫茫帖子中而无人回复。课程《下》在每周的课程内容上线的同时，由助教发一个置顶帖，希望得到助教回复的学习者可以在该帖内提问。

助教在讨论区中并不是一个全能的答复者的形象，而只是对学习者做出一定的引导。同时助教也不限于机械地回答提问，而是可以通过塑造不同的个人风格，例如时尚、亲切或活泼等来活跃课堂氛围。

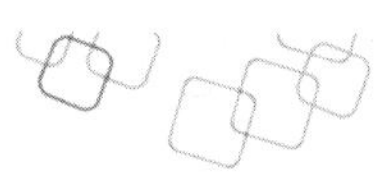

领略传统文化，开启建筑之旅：欢迎选修中国建筑史（下）！

各位同学：

中国建筑史(下)将于2月27日开始上课。这部分从元代建筑讲起，到清代结束，共8讲，内容包括各代的元明清时期的城市、宫殿、陵寝、衙署、宗教建筑、陵寝等等，以及明清两代的园林、民居和少数民族建筑，内容多样而丰富。

全部课程内容将由贾珺、刘畅和贺从容三位老师讲授。三位老师的内容侧重有所不同，或儒雅，或风趣，或呆萌，风格各异，非常值得期待！

对于选修过中国建筑史（上）的同学，真心期待能与大家再次相见！两部分内容各自独立，又有一定的联系，大家可以在学习“新”课程的同时增加对“旧”知识的了解。

元明清建筑留存下来的较多，因此，大家也可在学习之余，到实地参观考察，寓学于乐，获得对去切身感受丰富的古建筑遗存的现场感知。

最后，再次欢迎各位同学加入这门课程，并预祝大家学习愉快！

去学堂在线学习《中国建筑史（下）》

中国建筑史 课程组

图 4　课程《下》开课伊始，通过学堂在线的官方邮箱向学习者发送的欢迎邮件

同里退思园

Estela

我要介绍的是同里退思园，因为我从小在同里出生长大，对它抱有很深的感情。退思园建于清光绪十一年至十三年（公元 1885 — 1887 年），园主任兰生，因人弹劾被革职，取名“退思”以期补过。设计者是袁龙，诗文书画皆通，他据水乡特点，精巧构思，用两年时间建成。园占地虽不足 0.65 公顷，却集多种造园手法于国内，堪称园林精品。

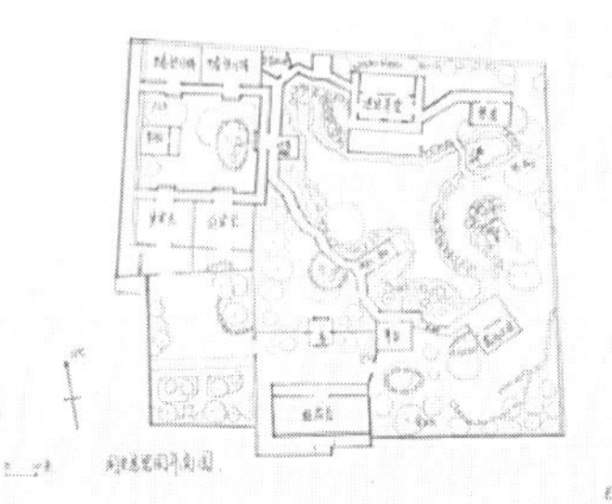

退思园住宅分内外两部分。外宅三进——轿厅（门厅）、茶厅、正厅，沿轴线布置，等级分明。外宅主要用于会客、婚嫁盛事、祭祖典礼。内宅建有南北两幢五楼五底的跑马楼，名日“畹香楼”，楼间由双重廊贯通。廊下设梯，既遮风雨，又主仆分开。内、外宅可分可合，布局紧凑。

中庭为住宅的结尾，也是住宅向花园的过渡。庭院以“坐春望月楼”为主体，楼的东部延伸至花园部分，设一不规则的五角形楼阁，名为“揽胜阁”。楼前置一旱船，船头向东，直向“云烟锁钥”月洞门，宛如待航之舟，将游人引向东部花园。庭前植香樟、玉兰，苍劲古朴。小院所用笔墨不多，却引人入胜，衔接自然，为花园起到绝好的铺垫作用。

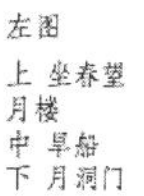

图 5　课程《下》学习者提交的建筑考察报告，内容丰富，图文并茂

实际上，MOOC 更加推崇的是学习者之间的问答、互动来完成交互学习的理念。但是从国内学习者的情况来看，针对习题的问题较多，而具有创造性的提问则较少，这种互帮互助的学习方法并没有很明显的成效；另一方面，《中国建筑史》的内容具有较强的记忆性，这也使这门课的 MOOC 课堂的氛围更加接近传统课堂，即知识更多地是由教师传授给学生。在 edX 平台上，由于知识的陌生、文化的疏离和学习者的特点，讨论相对活跃。例如 edX 论坛上一位很活跃的学习者（ID：FP_）曾提问，国子监是否像现代大学一样，有“非学术”的宿舍区和食堂，国子监的学生大致是怎样的年龄段，为何会有已婚学生的宿舍等等。

除了讨论区，助教与学习者之间还会通过邮件交流。《上》开课伊始，曾收到不少针对课程意见的反馈，也有不少学习者来信表达对建筑史这门课程的喜爱。《下》则通过邮箱，建立了助教和课程志愿者之间长期稳定的联络，在平台功能尚不全面的情况下，邮箱也替代了一部分收取作业的功能。

遗憾的是，讨论区的交流基本都局限在助教和学习者之间，几位授课教师由于时间和工作安排，除了少量的邮件回复很少直接与学习者交流。

4. 其他推广

目前，微信订阅号“学堂在线”每周发布与课程内容相关、兼顾知识性与娱乐性的小专题，已经推出的有《洪洞访古》《帝国丽影》《新叶村》《中国园林》等等。果壳网“MOOC 学院”小组中也有课程的相关页面，学生可以在这里给课程打分，评价及记录笔记，《中国建筑史》上、下都获得了高于 9 分的评分。

四、成果与影响

1. 课程成果

《中国建筑史》课程在筹备的过程中，并没有参照现有的建筑史教材讲课，而是结合了基本的知识点及每位教师研究成果，并根据多年的本科生基础课《中国古代建筑史》的教学经验，重新梳理、整合而成，更具深度和广度。

例如第一讲《中国建筑概说中》，除了中国建筑特点、类型、分期等基本知识点外，还讲到中国建筑与西方“坚固、实用、美观”对位的“正德、利用、厚生”的三原则、中国古代城市方正与曲折的两种规划理念，以及中国古代建筑中阴阳、适形与大壮的思想等等。

第二至十三讲按照时间顺序与类型学的划分，在介绍各个历史时期的建筑发展历程的同时，授课老师会根据自己的研究方向加入比传统课堂更具深度的内容。特别是第十一至十三讲清代建筑部分，采用中西方比较的视角和更倾向于建筑设计的研究方法，加入了不少相当有特色的案例，例如清代的制度与匠作，纪念性与实用性在清代故宫改造中的体现，清代重建太和殿时的立面设计方法等等。加之刘畅老师自然生动、风趣幽默的讲授风格，这一部分在课程论坛和果壳网上都收到了高度的评价。

第十四将古典园林作为独立的专题讲述，盖因我国的古典园林成就高、类型广、遗存丰富。不同于其他类型的古建筑，对园林的认识不仅靠图纸，而更依赖于实地的考察和体验。这一讲中采用大量视频资料，提供了直观而真实的体验。

第十五、十六讲为传统民居和多民族建筑的专题，这两个专题也是之前的建筑史教学中未曾涉及的部分。我国明清民居地面遗存量大，艺术成就高；多民族建筑如满族大院、蒙古包、新疆阿以旺，西藏的喇嘛庙、碉楼、宗山、林卡，西南地区侗族鼓楼和风雨桥，傣族民居和佛塔等等，各具特色，均为中国建筑不可缺少的组成部分。

目前课程组计划在全部课程结束后，将所有老师为课程准备的讲稿和 ppt 整理成《中国建筑史十六讲》（暂定）书稿，并与清华大学出版社合作出版。

2. 影响

《中国建筑史（上）》在学堂在线的选课量达到 17000 人，在 edX 亦有 8800 余人选课。经过 8 周的授课和 2 周的期末考试，学堂在线的 163 位学习者和 edX 的 160 位学习者通过了课程并拿到证书。另根据 edX 的统计数据，课程《上》的学习者以来自中国和美国的学习者为主，英国、印度和加拿大紧随其后，以及其他来自亚洲、欧洲、非洲、美洲和大洋洲的 139 个国家和地区。

目前，课程《下》在两个平台的选课量分别为 4500 人和 2000 人。选课量回落属于正常情况，一方面在了解课程内容后，课程的受众会更有针对性地选择课程；另一方面，一部

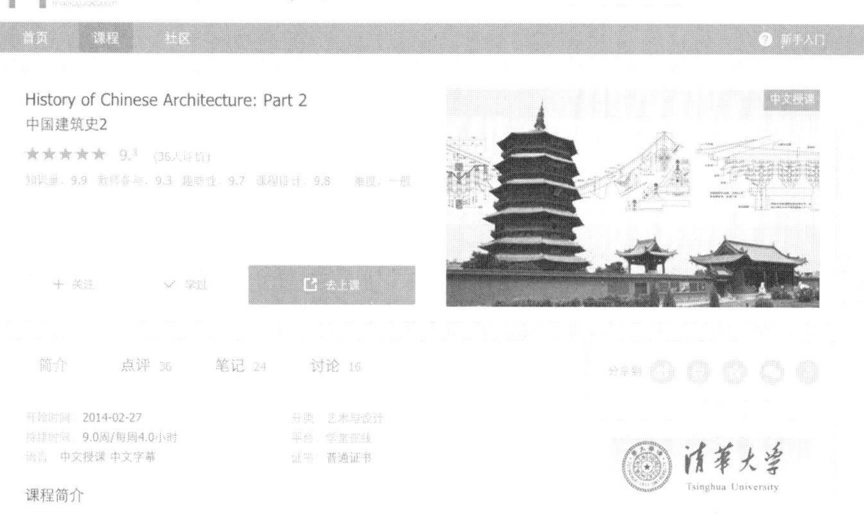

图 6　果壳网 MOOC 学院中，《中国建筑史（下）》获得 9.8 分的高分

分未能完成《上》的学习者也不会继续选课。但是从学堂在线的日流量来看，每天仍有 300 人次左右活跃（包括收看视频、做习题、讨论区发言等等），有效的选课量规模并没有明显下降。同时课程《下》考核方式变更，对学习者的参与度、对知识的掌握程度的要求也相应提高。

累计三万多人次的选课量，对于普及古建筑相关知识、提高民众的古建保护意识，具有重要的意义。 课程在 edX 平台上线，虽然极大地增加了制作难度，但在国外宣传和介绍中国古建筑，也产生了良好的影响。不少学习者希望《中国建筑史》能够继续开课，或推出和中国园林、中国民居相关的系列课程。

同时国内外多家媒体也报道了《中国建筑史》MOOC 课程上线的新闻，先后有清新时报、清华新闻网等校内媒体，果壳网、央视新闻频道、欧洲新闻电视台、新华社等对课程组进行了采访并报道（图 6）。

注释：

[1] 李曼丽，张羽，叶赋桂等．解码 MOOC 大规模在线开放课程的教育学考察．清华大学出版社

[2] 苏芃，罗燕．技术神话还是教育革命？——MOOCs 对高等教育的冲击．清华大学教育研究 2013.4

[3] 苏芃，罗燕．技术神话还是教育革命？——MOOCs 对高等教育的冲击．清华大学教育研究 2013.4

参考文献：

[1] 李曼丽，张羽，叶赋桂等．解码 MOOC 大规模在线开放课程的教育学考察 [M]. 清华大学出版社，2013.

[2] 苏芃，罗燕．技术神话还是教育革命？——MOOCs 对高等教育的冲击 [J]. 清华大学教育研究，2013 (4)．

[3] 王帅国 .MOOC101 MOOCs 制作与运营．学堂在线 www.xuetangx.com

图片来源：

图 1：课程视频截图

图 2：宣传视频截图

图 3：课程视频截图

图 4：学堂在线网页截图

图 5：根据学习者作业整理

图 6：果壳网

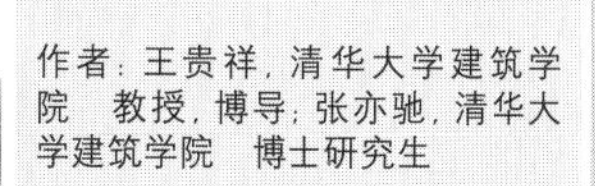

作者：王贵祥，清华大学建筑学院　教授，博导；张亦驰，清华大学建筑学院　博士研究生

网络时代背景下的清华大学中外建筑史课程建设

贾珺

Course Construction of Architectural History of China and Foreign Countries in Tsinghua University under the Background of Network Era

■摘要：清华大学建筑学院经过几十年的发展，在本科生和研究生阶段开设了若干中外建筑史课程，形成了较为完整的体系；同时针对网络时代的特点，在信息资料采集、课程管理和传播形式方面进行探索。本文主要对清华相关课程建设的情况进行介绍，并在此基础上做初步的分析和总结。
■关键词：网络时代　清华大学　中国建筑史　外国建筑史　教学
Abstract: After decades of development, the course system of architectural history of China and foreign countries in School of Architecture of Tsinghua University has been completely formed, including a number of courses for undergraduates and postgraduates. At the same time, the professors have made explorations in information collection, curriculum management and teaching communication form in the face of the characteristics of the network era. The author tries to present the overall situation of the related courses in Tsinghua University, and make further analysis and summary.
Key words: Network Era; Tsinghua University; Architectural History of China; Architectural History of Foreign Countries; Teaching

引言

中外建筑史是建筑学科的基础理论课程，在中国建筑院校的本科乃至研究生阶段的教学体系中都占有不可或缺的重要地位。进入21世纪以来，中国的建筑业一直处于蓬勃发展的状态，各地高校纷纷开设建筑类专业，建筑史课程所占的比重和讲授方式各不相同；同时，21世纪是典型的网络时代，课程的信息来源、传播形式以及师生互动渠道均与传统教学存在很大的差异，有必要针对这一时代特点进行阶段性的总结和思考。

清华大学建筑学院是历史悠久的建筑教育基地，经过几十年的发展，在中外建筑史领域建立了相对完整的课程体系，并结合网络时代的背景进行了相应的改革和探索，积累了一定的经验。本文拟对清华相关课程建设的情况进行介绍，在此基础上作初步的分析和总结，以便于兄弟院校之间的相互交流和讨论。

图 1　梁思成先生在教学中（清华大学建筑学院资料室提供）

一、历史沿革与师资现状

清华大学建筑学院的前身是清华大学建筑系，由著名建筑学家梁思成先生创建于 1946 年，自建系之初即将中外建筑史作为最重要的基础理论课程加以设置，即便在新中国成立后长期政治高压、极左势力猖獗的年代，仍坚持相关课程的讲授，由此成为建筑史教育的重镇，几十年间名师辈出，培养出很多优秀的人才——先后执教的梁思成（图 1）、林徽因、莫宗江、赵正之、汪坦、胡允敬、徐伯安、陈志华、吴焕加、郭黛姮诸教授均为建筑史领域的前辈大家，清华建筑系所有本科生、硕士生和博士生也都得到相应的建筑史知识的传授和熏陶，而专门攻读建筑史专业的研究生数量虽少，却涌现出张锦秋、马国馨、王贵祥、吕舟、赖德霖等杰出人物，且有若干毕业生以及进修生在国内外其他院校讲授建筑史课程，影响深远。

清华大学的中国建筑史研究与教学直接继承中国营造学社的衣钵，梁思成、林徽因、莫宗江、赵正之等人均为昔日营造学社的成员，在教学过程中注重法式制度、文献史料、实地调查与测绘，严谨求实。改革开放以后，依然保持这一传统并加以发展和细化，同时在乡土建筑和近现代建筑两个分支领域开辟了具有清华特色的新课程。

清华的外国建筑史教学有两个源头，一为欧美，一为苏俄。汪坦先生曾经师从美国建筑大师弗兰克 · 劳埃德 · 赖特（Frank Lloyd · Wright），毕业于中央大学建筑系的胡允敬先生在主讲外国建筑史时主要以旧版《弗莱彻建筑史》(*Sir Banister Fletcher's A History of Architecture*）为底本，基本延续欧美史学体例，但在新中国成立后遭到批判和压制；1952 年 10 月苏联建筑史专家阿谢甫可夫（E.A. АЩепков）先来到清华，带来了大量苏联出版的世界建筑史资料，曾担任助手的陈志华先生 1958—1959 年据此编写了《外国建筑史（19 世纪以前）》的最初版本，1962 年出版，陈先生后来循此体例长期主讲“外国建筑史”。改革开放以后，清华主讲外国建筑史的教师均具有在欧美留学或进修的背景，与欧美各国以及日韩等亚洲国家的交流日益频繁，外建史的教学进一步与国际潮流接轨，兼收并蓄。

清华大学建筑学院建筑历史研究所现有 10 名教师，教授 3 人（王贵祥、吕舟、贾珺），副教授 4 人（刘畅、贺从容、罗德胤、青锋），讲师 3 人（李路珂、荷雅丽、刘亦师），其中 9 人拥有博士学位，且新入职的青锋、荷雅丽、刘亦师三位老师均在欧美名校取得博士学位，荷雅丽（Alexandra Harrer）老师还是奥地利籍学者。各位老师的研究方向各异，分别承担了中外建筑史本科和研究生阶段的不同课程，且每年招生一定数量的建筑史专业硕士生和博士生。

清华的中外建筑史教学有一个重要的特点，就是梁思成先生所提倡的“融汇中西”，两个领域并非彼此泾渭分明而是相互贯通，同一个教师的教学工作往往跨越中外。另一个特点是建筑史研究所以外的建筑设计、城乡规划和景观学专业的教师也结合自身专业的需要，开设了若干与建筑史相关的课程，互为补充。

二、中外建筑史课程体系

从 2004 年开始，清华建筑学院对中外建筑史系列课程进行了改革，经过持续的调整和增设，形成了目前相对合理的体系。

其中本科阶段共设 9 门核心课程，为了契合清华目前实行的本硕贯通“4+2”的学制，最重要的举措是将原来设在三年级的“中国古代建筑史”、“外国古代建筑史”和“外国近现代建筑史”均改为“史纲”，学分从 3 分削减为 2 分，开课时间改在一、二年级，使得学生进入大学后更早开始接触建筑史课，循序渐进，逐步提高。清华建筑学院本科每年招收的建筑学专业 90 名学生和城乡规划专业 15 名学生都以这 3 门课为必修的理论课。其中青锋老师主讲的“外国近现代建筑史纲”主要用英文讲授。

清华大学建筑学院本科阶段中外建筑史系列课程　表1

编号	课程名称	任课教师	年级	学分	性质	必修／选修
1	外国古代建筑史纲	贾珺	一	2	理论	必修
2	中国古代建筑史纲	贺从容	一	2	理论	必修
3	外国近现代建筑史纲	青锋	二	2	理论	必修
4	中国近代建筑史	刘亦师	二	2	理论	选修
5	西方古典建筑理论	刘畅	三	1	理论	选修
6	中国古代建筑理论概说	王贵祥　李路珂	三	1	理论	选修
7	乡土建筑学	罗德胤	三	1	理论	选修
8	古建筑测绘	全体建筑史教师	三	2	实践	必修
9	中国建筑史网络公开课	王贵祥　吕舟 贾珺　刘畅　贺从容		2	理论	MOOC/edX

二年级上学期继续开设“中国近代建筑史”，三年级开设“西方古典建筑理论”和“中国古代建筑理论概说”以及“乡土建筑学”。这4门都属于选修课。总体思路是低年级偏重基础性、知识性，高年级偏重理论性、专门性。按照最初的设想，原本还希望能在高年级开设“欧洲古典建筑”、“欧洲中世纪建筑”、“欧洲文艺复兴建筑”、“西方17–19世纪建筑”、“东亚建筑”、“西亚建筑”等针对外国不同地域、不同历史时期的选修课程，但囿于师资力量和总的课程容量，一直未能实现。

图2　清华大学建筑学院古建筑测绘课程现场

设于三年级暑假短学期的“古建筑测绘”为期2周（2学分），是必修的实践环节，一般选择重要的古建实例，全体学生划分成若干小组进行现场实测，并绘制详细的平立剖面图和详图，建筑历史研究所全体教师和部分研究生分头担任指导工作。这是本科阶段学生亲手触碰古建筑的主要机会，教学效果良好，同时留下了一批准确的图档材料，为文物建筑保护工作和进一步的科研工作提供参考（图2）。

2013年开设的“中国建筑史”网络公开课实际上是另一版本的“中国古代建筑史纲”，由建筑历史研究所的王贵祥、吕舟、贾珺、刘畅、贺从容5人联合主讲，来自中国传媒大学的专业团队精心录制视频，附设中英文字幕，在edX和MOOC平台上同时播出，面向全球开放。这是一次利用网络技术改变授课形式的宝贵尝试，意义重大。但清华建筑学院的一年级本科生仍然按原版本的“中国古代建筑史纲”由贺从容老师进行课堂讲授，课余以网络版为参考，二者并行不悖。

清华在研究生阶段开设的中外建筑史核心课程主要有6门。昔日中国营造学社最重要的研究部门是法式部和文献部（由梁思成先生和刘敦桢先生两位宗师分别执掌），法式与文献亦为传统建筑研究之两大根基。秉承这一思路，在研究生阶段分别开设“中国古典建筑与法式制度”和“中国古代建筑典籍文化”，希望在知识结构和研究方法上帮助学生奠定更扎实的基础。“西方建筑理论史”和“中西建筑文化比较概论”是王贵祥先生首创的两门史论课，

清华大学建筑学院研究生阶段中外建筑史系列课程　表2

编号	课程名称	教师	学分	性质	必修／选修	备注
1	中国古典建筑与法式制度	刘畅	2	理论	必修	
2	中国古代建筑典籍文化	贾珺	1	理论	必修	
3	西方建筑理论史	王贵祥　李路珂	2	理论	必修	
4	中西建筑文化比较概论	王贵祥　荀雅丽	2	理论	选修	
5	乡土聚落研究	罗德胤	1	理论	选修	
6	History of Chinese Architecture	王贵祥　吕舟 刘畅　贾珺等	2	理论	选修	英文国际硕士班

体现更为深厚的理论性和思辨性。“乡土聚落研究”一课则是本科阶段“乡土建筑学”的延续。

由于清华建筑学院每年招收独立的国际硕士班，以英文授课，因此又专门针对这部分学生开设了“History of Chinese Architecture”，算是“中国古代建筑史纲”的第3个版本，考虑学生的具体背景，除了语言之外，课程内容上也作了一定的调整，并增加了更多的现场参观。

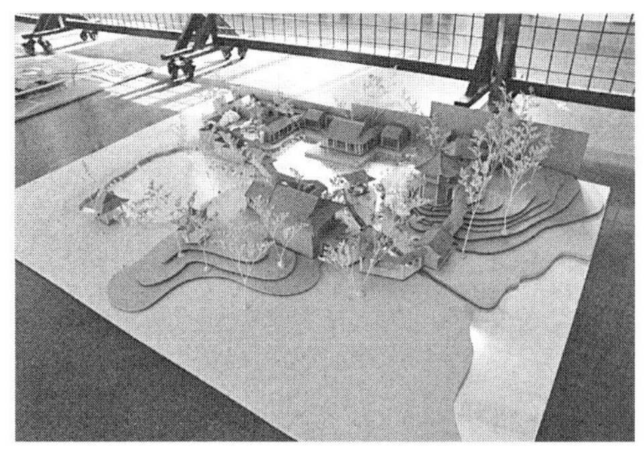

图3 本科三年级“曲水流觞”古典园林设计模型

除了以上课程之外，建筑历史研究所老师还负责主讲文化遗产保护领域的课程，例如吕舟先生的“认识文化遗产”（1学分）和“文化遗产保护”（2学分），刘畅先生的“文物建筑保护技术”（1学分）。各位招收建筑史专业硕士生的导师负责给自己学生指导“文物保护规划及复原设计”（4学分），一般针对某个具体项目完成相应的设计图纸。本科四年级上学期的“建筑设计Studio”每次也由建筑史教师单独出题，指导一组约20名学生完成一个与历史文化相关的较复杂的课程设计，如净土佛寺、私家宅园、老会馆改建、禅宗博物馆等（图3）。2008—2011年，此Studio与耶鲁大学的师生联合主办，作业在两校展出，颇受好评。此外，部分建筑史教师还承担了建筑学院其他专业开设的理论课讲授和设计课指导。

清华建筑史研究所近年来编著、翻译出版了大量的专业图书，包括欧美建筑理论系列丛书、《中国古建筑测绘十年》、《建筑史》（原名《建筑史论文集》）和《中国建筑史论汇刊》两种学术期刊等，对于中外建筑史的教学具有很高的参考价值。

目前建筑类学科已经拆分为建筑学、城乡规划学和风景园林学三个一级学科，各自制定独立的培养计划，除了建筑历史研究所开设的中外建筑史系列课之外，清华建筑学院的建筑设计、城乡规划和景观学专业相关系所也陆续开设了若干史论性的课程，本科阶段包含“传统民居与乡土建筑”（1学分）、“当代建筑设计思潮”（1学分）、“中国古代城市营建史概论”（1学分）、“外国城市建设史纲”（1学分）、“中外城市发展与规划史纲”（2学分）、“城市文化与历史保护”（1学分）、“西方古典园林史”（1学分）、“东方古代园林史”（1学分）。研究生阶段包括“现代建筑引论”（2学分）、“西方当代建筑思想纲要”（1学分）、“前卫建筑”（1学分）、“印度建筑”（1学分）、“城市历史与理论”（2学分）、“近现代住宅”（1学分）、“中外建筑与城市文化比较”（英文，2学分）、“景观学史纲·亚洲部分”（2学分）、“景观学史纲·欧美部分”（2学分）。这些课程针对性更强，与核心的中外建筑史课程具有互补的关系，也为学生提供了更多的选择机会。

三、网络时代的课程特色

网络时代突破了旧时代的很多制约，在很大程度上改变了我们的生活，也对传统的中外建筑史教学产生了巨大的影响。以笔者浅见，其影响主要反映在信息资料获取途径、课程管理和传播方式3个方面。清华建筑学院的中外建筑史课程也在这些方面顺应了时代潮流的变化，表现出自身的特色。

1. 信息资料

建筑史类的课程涉及历史、文化、社会、艺术、技术各个方面，包含着大量的知识信息，20世纪末以前获取信息的渠道比较有限，一方面教师备课和学生学习都常常苦于资料不足，另一方面课程内容的更新也相对较慢。进入网络时代以来，从新渠道获取的信息量呈爆炸式的增长，为教学工作带来极大的便利，同时又面临着信息冗余驳杂、知识碎片化、观点五花八门的局面，如何取舍剪裁成为新的问题。

参照清华建筑史教学的经验和个人体会，笔者认为要把建筑史课上好，需要善用网络信息，同时又不能被网络过多牵制。教师可以最大限度地通过网络采集各种资料，特别是图像资料，以增强课堂效果。多媒体技术的广泛运用使得电子课件彻底取代了传统的板书加幻灯照片的形式，优点是节奏加快，每节课可以容纳更多的内容，而且表现手段多样化，缺点是容易流于视听直观而缺乏沉淀和思考。可以考虑在PPT中适当融入类似于板书推演的形式，强化课堂讲授的条理性。对于一些网络热点，可以恰当地予以捕捉和点评，引导学生学习和思考。本科阶段，特别是低年级的课程，首要任务在于“建构”，先尽量帮助学生建立一个相对准确的知识系统和价值评判标准，减少冗余的干扰；而高年级和研究生阶段则鼓励学生更多通过书本和网络自学，独立思考，任务在于“解构”和“重构”。

课程作业方面也可以引导学生更多利用网络信息，发挥主观能动性，积极收集材料，完成具有一定质量的小课题。例如笔者本人在执教“外国古代建筑史纲”课时，曾布置过一个“虚拟历史空间体验”的作业，要求每位同学假想自己以某种特定的身份穿越到古代的某个地方，对某个经典历史建筑进行游览和评析。绝大多数同学都对作业表现出极大的热情，主要通过网络查找各种资料，努力了解相应的时代背景，详细分析建筑的艺术和技术特征，挖掘背后隐藏的人文因素，效果良好（图 4）。另一门研究生课程“中国古代建筑典籍文化”的作业则要求学生利用国家图书馆的网络阅读平台，精读一部地方志，并对其中的城池、官署、寺观、学校进行初步的分析，大部分学生都能够据此完成一份符合学术要求的论文。

2. 课程管理

清华大学近年已经建立了较为完善的“网络学堂”（图 5，图 6），为每位教师、每门课程提供了一个科学的网络管理平台。其界面相当于一个虚拟的教学工作室，分为若干子项，教师可以在此发布各种公告，上传电子课件，布置作业，解答问题，批改作业等等，还可组织讨论，方便实用，大大地提高了教学的效率。

清华大学每个学期都进行教学评估，主要由每位选课的学生在网上匿名给任课教师打分，分为 10 个单项和总分两部分，再进行全院和全校的排名。2014 年以来对评估方式又进行了改革，针对不同课程的特点，增加个性化指标，更利于教师把握学生的反映，对课程内容和讲授方式及时进行调整。

3. 传播方式

网络时代的先进技术使得教学不仅仅局限于实际的课堂，还可以采用视频的形式在更广阔的虚拟平台上进行传播。清华大学建筑学院于 2013 年首度开设“中国建筑史”网络视

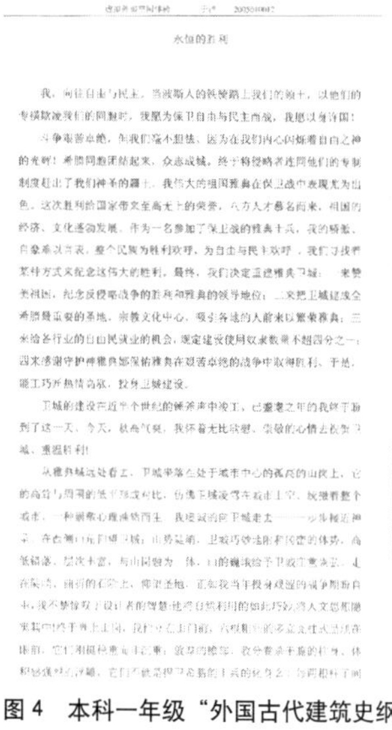

图 4　本科一年级“外国古代建筑史纲”课程作业

图 5　清华大学网络学堂页面之一

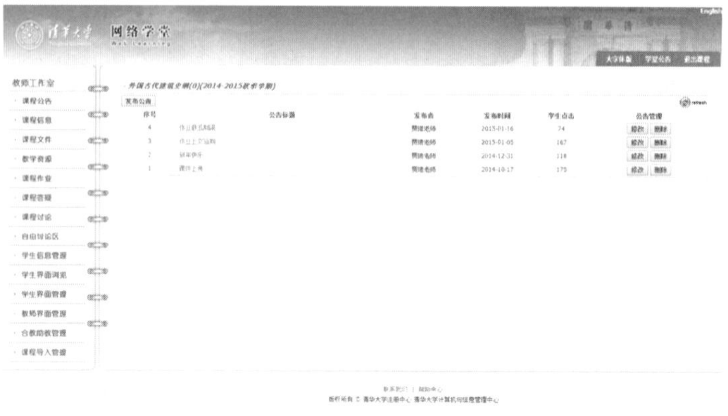

图 6　清华大学网络学堂页面之二

频课程，在edX和MOOC“学堂在线”上面向全球同时播出，第一年度选课人数超过3万人，其中约三分之一为海外学子，覆盖了140多个国家和地区（图7）。

图7 “中国建筑史”网络课程页面

这门课程由王贵祥先生制定教学大纲，5位教师依照历史顺序分段讲述，来自中国传媒大学的专业团队负责摄录和后期制作，精心凝练和设计每一环节，通过大量的图片、史料、模型、动画和实景纪录片，用丰富的形象化信息和视觉体验效果，全面展现了中国古代建筑数千年的辉煌历程。此种方式突破了时空的限制，最大化地传递知识，同时还在线下组织了多位青年教师和博士生组成教学助教团队，维护线上的师生互动、答疑和讨论环节，并批改作业和试卷。也有许多学生在讨论平台上发表各种意见，真正实现了广泛的无障碍交流。最终通过考试的学生可以得到清华大学颁发的合格证书以及edX承认的学分。

这次网络授课具有很强的实验性和革新性，证明通过网络传播可以成功完成建筑史的教学，同时也涌现出很多新问题，比如师生互动渠道的局限性、作业的难度无法把控等等。从根本上说，网络授课不可能完全替代原有的课堂讲授，但作为一种补充和拓展方式，也有存在的必要和继续发展的空间。日后可以探索部分建筑史课程采用课堂讲解和网络授课相结合的方式，甚至兄弟院校之间也可能借助网络实现异地共享课堂，合作教学。

结语

无论处于怎样的时代，采用何种技术手段，清华大学中外建筑史课程的目标都是以古今中外历史发展的线索为逻辑链条，以不同时代与不同地域建筑风格特征为基础，介绍历史上建造过的典型建筑案例、风格属性、文化特征、结构特征，总结历史规律，力图让学生掌握建筑历史的基础知识，培养审美能力、设计能力和研究能力，初步建立自己的建筑历史观。从教学评估和其他问卷调查来看，清华的建筑史课程以及授课教师均受到本院学生很大的欢迎[1]。2015年1月，以王贵祥先生领衔的建筑史教学团队获得清华大学教学成果一等奖，算是对多年辛苦耕耘的一种肯定。

网络时代背景下，又逢城乡建设浪潮方兴未艾和学科体系重构的历史机遇，建筑史教学面临前所未有的挑战，如何顺应这个时代，同时坚守学科的底线和本分，在教学思想和方法上进行调整，取得更好的教学效果，应是每一位建筑史教师努力的方向。

注释：

[1] 如2015年初，清华建筑学院的学生会宣传中心曾经对本科生展开问卷调查，每人一票评选出本科阶段最受欢迎的理论课教师，结果讲授建筑史课程的贾珺、青锋、贺从容分别排名全学院第1、第4和第7名。

作者：贾珺，清华大学建筑学院　教授，博士生导师，一级注册建筑师，《建筑史》丛刊主编，清华大学图书馆建筑分馆馆长，中国建筑学会史学分会理事

它山之石与我们的玉

——参与国内建筑史教学的体会

赖德霖

Using Stones from Other Hills to Process the Jade of This One: Some Thoughts Obtained from Teaching in China

■摘要：正如中国谚语所说："它山之石，可以攻玉"，作者认为，外国建筑历史与理论教学可以帮助提高中国学生解决中国问题的能力。基于自己参与中国教学的经历，作者认为，为了帮助学生实现从课程学习到独立研究的转变，历史教学需要发展成为一种综合训练，其中包括批判性阅读、发现问题、发展想法，以及论文写作。

■关键词：建筑历史与理论教学　综合训练

Abstract: As a Chinese idiom says: "Stones from other hills can help process the jade of this one," the author believes that courses of history and theory of foreign architecture can also help teach Chinese students to solve Chinese problems. Based on his experiences of teaching in China, he argues that in order to develop students' research ability, an architectural history course needs to be taught as a comprehensive training, consisting of critical reading, problem formulation, argument making, and academic writing.

Key words: Teaching of Architectural History and Theory; Comprehensive Training

我跟所有的嘉宾还有老师一样，非常感谢组织者给我们这个机会，在一起分享教学中的一些心得。我今天的题目是"它山之石与我们的玉——参与国内建筑史教学的体会"。所谓"它山之石"是指我教学所用的材料，而"我们的玉"有两个意思，一是我们的学生，二是中国的问题。即我希望通过教学能够影响我们的学生，同时借助我们所学到的外国理论或历史知识，来研究中国的本土问题。

非常有幸得到同济大学、天津大学和东南大学的信任，在过去5年里我有一些机会回国交流。除了一些单独的或系列的讲座外，我还开了几次课，包括《中国近代建筑史研究方法》、《美术史方法与中国近代建筑史研究》（这是根据《中国近代建筑史研究方法》中的一讲扩展而成的课），还有《民族主义与东亚现代建筑》、《"画意"话语与中国建筑》、《亚洲城市与建筑的空间》。通过这些新设计的课，我希望不仅引发同学思考一些理论的问题，而且尝试去观察身边的城市与建筑环境，发现问题，并提出自己的解答。

因为时间有限，今天的发言仅向大家介绍两个课的设计，遇到的问题，以及我的一点思考。这两门课一是《"画意"话语与中国建筑》，二是《亚洲城市与建筑的空间》。

2012 年王澍建筑师荣获了普里茨克奖。2013 年 4 月我在《建筑学报》上发表了"从现代建筑'画意'话语的发展看王澍建筑"一文。我的一篇主要参考文献是美国库珀联盟建筑学院院长、著名建筑理论家安托尼·维德勒（Anthony Vidler）从 2011 年 10 月开始在英国的《建筑评论》（Architectural Review）杂志连载的长文"Troubles in Theory"。以往我们谈西方现当代建筑比较强调从德、法两国到美国的发展脉络，而维德勒的文章则勾画出英国自 1940 年代以后贡献于现代建筑的一个重要议题，这就是"画意"（picturesque）。在他看来，1940 和 1950 年代的"市镇景观运动"、1960 年代的"粗野主义"、1970 年代的"拼贴城市"都与"画意"话语有关。我认为王澍建筑与"画意"美学有很多共同之处，或者说"画意"美学是理解王澍建筑的一个很有效的视角。我无意说王澍了解西方的"画意"话语，但我相信王澍和许多中国建筑师一样都对建筑的画意有所追求。所以 2013 年 5 月我在东南大学为研究生开了《"画意"话语与中国建筑》一课，一方面是向学生介绍"画意"话语在西方的发展过程和重要理论著作，另一方面是带领学生一起探寻现代中国建筑中的画意追求。所以这门课的"目标"是这样写的："1. 通过阅读有关建筑画意美学的基本理论著作，使学生从新的角度，了解 20 世纪建筑与城市思想发展的一个脉络。"——这就是"它山之石"。"2. 通过对比分析中国个案，促使学生此语境之下认识中国建筑史研究以及现代城市和建筑设计中的一些探索的意义。3. 通过实地考察，培养学生在城市和建筑设计中，对于视觉体验的自觉。"——这就是"我们的玉"。

这门课各次的内容和阅读材料包括：

1）引言："从现代建筑'画意'话语的发展看王澍建筑"

2）Anthony Vidler. Troubles in Theory Part I: Picturesque to Postmodernism [J]. Architectural Review, Oct. 2011: 102–107; Anthony Vidler. Troubles I Theory Part 2: Picturesque to Postmodernism [J]. Architectural Review, Jan. 2012: 78–83.

3）Gordon Cullen, The Concise Townscape [M]. New York: Van Nostrand Reinhold Co., 1st ed. 1961, 1971.

4）Nikolaus Pevsner. The Englishness of English Art [M]. London: Architectural Press, 1956: 173–192; Nikolaus Pevsner. Visual Planning and the Picturesque [M]. Mathew Aitchison, ed. Los Angeles: CA: Getty Research Institute, 2010: 1–45, 52–88.

5）Reyner Banham. The New Brutalism [J]. Architectural Review, Dec. 1955: 354–361.

6）"Picturesque" China

7）Field Investigation

8）Student Presentations

因为时间短，这里仅举一个例子，就是课中的一篇阅读——Gordon Cullen 的 *The Concise Townscape*。Cullen 原本是 *Architectural Review* 杂志的美术设计师。但他用相机和画笔记录了大量城市中有趣的环境细部，并对它们进行分类和概念化，编写了这本城市设计的经典著作。他的前期工作曾在 *Architectural Review* 上发表，他称之为 Case Book（个案书），我翻译为"案典"。我鼓励同学们向 Cullen 学习，去寻找和发现我们生活环境中符合画意美学的细节，编写中国城市和空间的"画意"案典。这门课还有一个参观环节。我们去参观了南京艺术学院，发现这个校园的空间设计有很多地方都符合 Cullen 总结出的"画意"手法。事后我们得知设计师是崔愷。我鼓励学生从 townscape 的角度做进一步分析，结果就可以是一篇建筑评论。

我又请同学一起尝试用 Cullen 在程式设计中总结出的一些原则去分析中国园林，看西方"画意"美学的概念，如 intimacy, inside extends out, captured space, sculpture, lettering（题字）等，对于分析中国园林是否同样有效，进而思考跨文化研究中国园林的可能。

之后就是"我们的玉"。这些是部分学生的作业题目：赵越同学写"从《浙江民居》看 60 年代中国建筑史研究中的画意追求"，郭子君同学写"从陈从周、潘谷西中国园林写作之对比及其与西方画意理论的差异性"，胡霖华同学写"建筑的另一种叙述——由文字感知建筑"，其中谈的是林语堂、宗白华、李泽厚。还有耿士玉同学写"林语堂文学作品中的建筑'画意’”。通过这个练习，使得学生开始更加关注以前被我们建筑史学者忽视的一些学者，如林语堂、宗白华，甚至陈从周，以及他们的建筑写作。

这门课上过后我发现学生在将作业想法变为研究成果这个环节上还有很大问题。这些同学作业的想法都很好，汇报也很成功，但是暑假过后，选课的十几位同学中只有两人交了论文，而多数都没有继续发展自己的想法并使之成文。我对两位同学的作业做了仔细的批改，返回去要求他们继续修改。这回只有一人交了二稿，我修改要他再改，从此就再没有答复。这就是我在国内的第一次全程教学，我得到了一些教训，所以影响了我后来设计下一步课的方法。

2014 夏天我又在东南大学开了一门新课，就是《亚洲城市与建筑的空间》（图 1）。这门课是朱剑飞老师与我合教，分别负责秋季学期和春季学期。他先介绍了一些空间研究的理论著作和他本人的研究。为了有所配合，我选择了更多的个案，或者说是从更多的角度来谈空间问题。这些议题包括空间与权力、空间与社会组织、空间与性别，以及空间与集体记忆。

Charles T. Goodsell 的著作 *The Social Meaning of Civic Space* 是阅读材料之一。其中一个案例是希特勒在帝国总理府中的办公室。从这张平面图可以看出，客人要见希特勒，几乎要走 200 米才能到他的办公室。在这个过程中，他要通过一系列的门、广场、厅和长廊。在每一个入口，他都会期待下一步就可以见到希特勒，但是每次他的期待都会被打破。一直走到长廊，他以为希特勒的办公室在长廊的尽端，但这回却是在旁边，一个由两个雕塑般的党卫队士兵守卫的门内。通过这样的空间设计，希特勒的神秘性和他的权威得到了强化。

Goodsell 书里讨论的个案还包括英国的下议院（图 2）。从照片可以看出保守党和工党分坐两边，首相或发言者的位子在中间。这是一个非常好的空间设计，让议员们并排坐在长条椅上，人少时没有明显的空缺，人多时大家可以挤在一起，这样使得讨论可以显得非常热烈，而且可以面对面辩论和交锋。丘吉尔还做了一个非常重要的设计，就是两党座位前面的红线，限定任何一方的肢体都不能过界，否则就是违规。我在台湾就跟那里的朋友们开玩笑说，台湾的议会厅设计学习了西方，但大概遗漏了这条线，所以经常出现打斗。

Advanced Architrctural History　**建筑历史前沿**

SPACE OF ASIAN CITIES AND ARCHITECTURE

亚洲城市与建筑的空间

主讲人：赖德霖博士，美国路易斯维尔大学副教授
时　间：5月13日-6月4日，每周三、四，晚19：00至22：00
地　点：中大院309

本课是2014-15“建筑历史理论前沿”课的第二部分。它将以亚洲城市和建筑为例，进一步深化有关人造环境空间问题的讨论。主要议题包括：空间与权力，空间与社会组织，空间与性别，空间与记忆等。通过阅读、讨论、撰写报告，以及汇报，学生将进一步认识亚洲城市和建筑的现代化历史，学习城市和建筑空间问题研究的基本方法和视角，同时提高批判性阅读、研究及写作能力。并在此基础上展开对于中国城市和建筑空间问题的研究。

Being the second section of 2014-15 Advanced Architectural History, this course investigates the spatial issues in cases of cities and architecture of East Asia. Topics to be discussed include space and power, space and social organization, space and gender, as well as space and collective memory. By means of reading, discussion, presentation, and essay writing, this course will help students with the methodology of urban and architectural study, critical thinking, research, and academic writing, and on this basis, will help them with the study of spatial issues in Chinese cities and architecture.

May 13
Introduction

May 14
I. SPACE AND POWER

May 20
II. SPACE AND SOCIAL ORGANIZATION

May 21
III. SPACE AND GENDER

May 27
IV. SPACE AND COLLECTIVE MEMORY

May 28
V. ACADEMIC WRITING

June 3 / 4
STUDENT PRESENTATIONS

图 1　2015 年 5 月 13 日～ 6 月 4 日东南大学“亚洲城市与建筑空间”课（赖德霖主讲）海报

William Coaldrake 研究日本建筑中的权威表现。他讨论的一个个案是京都二条城二之丸御殿的大广间对德川将军权威的表现（图 3）。这个课一方面是要给同学们介绍一些空间研究的著作、方法或角度。另外一方面也希望借此扩大同学建筑史研究的视野，从中国扩展到亚洲，因为我认为现在已经是 21 世纪，中国的学者要有这样的眼光，像 100 年前的伊东忠太那样去研究整个亚洲的问题。

课程的阅读材料中还有我对广州中山纪念堂的研究。这是一个用于说教的空间，与今天我们所在的讲堂颇为相似。如这个空间被分成讲演者的位置和听众的位置，我的位置得到灯光、麦克风和鲜花的强调，使得我的形象有一种礼仪性的表现，在座的各位都是我的前辈、长辈、同行，但是你们不得不听我“大放厥词”，而且你们还要排排坐，使得我能感受到你们是否能够遵守空间中的秩序。有人“开小会”我能很清楚地看到。前排的老师离我最近，所以你们有权利近距离与我对话，在后面坐的青年学者或者是别的老师，好像就失去这样的权利。这就是这个空间对每个人的权利和地位的界定。

另外一个例子，是美国学者 Abigail A. Van Slyck 在 *Free to All：Carnegie Libraries & American Culture 1890–1920* 一书介绍的一图书馆的例子（图 4），像福柯所讨论的“圆形监狱”。Van Slyck 说：“开架使得读者获得了取阅他们需要的书籍的自由，但是扇形的书架布置意味着位于出纳台的图书馆工作人员可以监控这一自由。”

Abigail A. Van Slyck 在书中还讨论了性别与空间的议题。如图 5 这张照片——赖特设计的纽约州布法罗市拉金公司（Larkin Building）室内——显示出 20 世纪初期美国“粉领”，即职业女性的工作状况。她们的个性被风格统一的制服所掩盖。她们整齐地分布在空间之中做着重复性的和以数量为考核标准的工作，同时还要处于男性主管的监督之下（图 5）。

课程阅读中 Brenda Yeoh 的 *Contesting Space：Power Relations and the Urban Built Environment in Colonial Singapore* 是一本关于新加坡城市史研究的著作。对同学们来说启发性最大的，就是该书前言中对城市空间研究方法的综述。作者首先概括了三种殖民地城市的

图 2　英国下议院内景

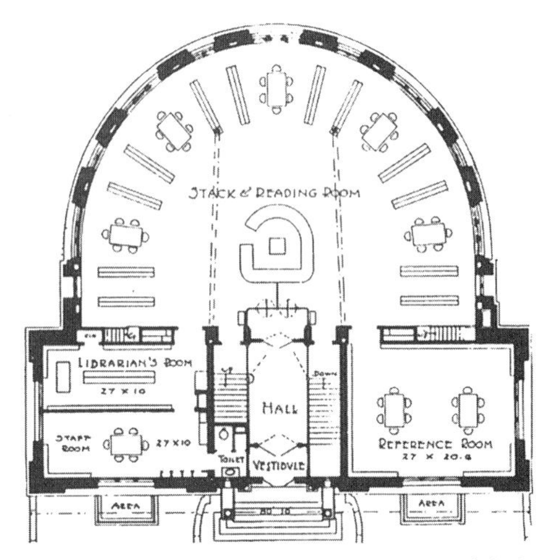

图 4　雷蒙德 F. 奥米罗尔（Raymond F. Almirall），布鲁克林公共图书馆太平洋分馆，纽约布鲁克林区，约 1907 年

图 3　京都二条城二之丸御殿的大广间

图 5　赖特设计的纽约州布法罗市拉金公司打字部内景，约 1915 年

研究范式，一是把殖民地的城市看成是从传统到现代的转型。第二个模式就是所谓的文化的解释，把它当作文化冲突的一个产物。另外一个是政治经济学的研究，把一座殖民地城市置于国际经济框架之中看它独特的位置。她就批判了这三种视角的局限性，并提出了自己一种新的研究角度，强调殖民地的人民在自己的空间面对殖民者改变的时候，他们所作的斗争和磨合的过程，所以是研究城市的一个方法。这些城市史的研究呈现出方法和视角的多样性，可以帮助学生培养批判性阅读的能力。

我和配合教学的沈旸老师吸取了 2013 年的教训，对课程论文做了更严格的要求，这次同学交作业的情况有了很大改善。何涛波同学的论文题目是“南京大屠杀纪念馆扩建过程与关于大屠杀事件记忆的塑造成形”，阎楠同学的论文题目是“南京总统府权力空间构成浅析”。胡楠同学研究“宋美龄与美龄宫”，唐文文研究“学院印象对中大院与天津大学建筑馆入口空间的分析”，陈晓同学研究“南京星巴克的设计与人的行为感受”。时楠同学研究“深圳城中村背后的复杂性”（后改为“深圳‘城中村’——一种病态城市空间的生产历史”），这些都是非常有趣的选题，我认为这些话题可以大大丰富我们对中国现代城市和建筑史的研究。

2014 年 12 月到天津大学上同一门课。作为作业，一位同学想研究大连的城市广场，并列举了 4 个广场。我建议他将题目缩小，只写星海广场，《百度百科》对这个广场的介绍是这样的：“广场设计与建设的诸多方面均充分体现了中华民族传统文化与现代文明的巧妙结合：广场内圆直径 199.9 米，寓意公元 1999 年大连市建市 100 周年；外圆直径 239.9 米，指 2399 年时大连将迎来建市 500 周年；矗立广场中央的全国最大的汉白玉华表，高 19.97 米，直径 1.997 米——以此表达人们在 1997 那年的喜悦心情；华表底座饰面雕有 8 条龙，柱身雕有 1 条巨龙，意指中国古有九州，华夏儿女都是龙的传人；广场中心部分借鉴北京天坛圜丘的设计理念，由 999 块大理石铺装而成，红色大理石的外围饰以黄色大五角星——有星有海，是‘星海湾’的象征，红黄两色更象征着炎黄子孙；大理石面分别雕刻着天干地支、二十四节气、十二生肖等图案，还雕有 9 只造型各异的鼎，每只鼎上各有一个魏碑体的大字，共同组成‘中华民族大团结万岁’；广场周边的 5 盏大型宫灯，各高 12.34 米，由汉白玉柱托起，光华璀璨，与华表交相辉映……”这个广场是薄熙来主政大连时设计和建造的。它如何表现薄熙来的权力想象——如有“九”，有“五”，有龙，有鼎，有天地，有华夏——将是非常有趣的话题。

但是这次我又发现，学生的论文写作普遍缺少训练。所以我在今年的课里又增加了论文写作的内容。限于时间，这里仅介绍一个例子，就是对朱剑飞老师“天朝沙场”一文的前言的分析。我们可以看到，这篇前言分成常识，对常识的质疑，对疑问解答的利与弊，以及之后所呈现出的论文主旨。这就是比较好的学术论文前言的结构。

总而言之，历史教学可以是也应该是对学生的综合训练，包括批判性阅读、发现问题、发展想法、实地调查、查阅资料，以及论文写作等重要环节。只有这样才能够帮助我们的学生，特别是研究生实现从课程学习到独立研究的转变。

天朝沙场　译文

——清故宫及北京的政治空间构成纲要

朱剑飞　文　　邢锡芳　译

封建都城北京和紫禁城的建筑，许多年来一直是个热门题目，它的研究不仅限于中国建筑史的领域，同时也存在于如人类学和[illegible]领域。这些研究，在表面的区别之下有一些共同的特点。在建筑史的领域，焦点几乎无一例外的集中在紫禁城和北京的形式及美学方面，而在人类学和汉学的领域，重点则总是放在建筑的象征意义上。这些研究是一致的，即潜在地强调静止的观察，固定的视点和[illegible]，同时有一种倾向，即忽视了北京和紫禁城的运作和社会各方面。

在对于中国文化和它的社会活动普遍缺乏了解的前提下，这种忽略的后果之一就是有可能促成神秘倾向，可能是完全错误的解释。作为改善这种状况的尝试，这篇文章将检验封建朝廷的社会运作，并就运作和形式之间的关系勾勒一个可能的框架。由于研究所涉及的是封建制中国的朝廷的中心，社会活动也是朝廷和政府的活动，在这种情况下，它难免是政治性的活动。

常识

对常识的质疑

利与弊

论文主旨

Introduction

图 6　朱剑飞论文“天朝沙场——清故宫及北京的政治空间构成纲要”引言部分写作特点分析

作者：赖德霖，（美）路易斯维尔大学 (University of Louisville) 美术系副教授，美术史教研室主任，教授亚洲美术与建筑

朝花夕拾　层出不穷

——第二届中外建筑史教学研讨会闭幕式发言

陈薇

Life is a Moment; Emerging is in Endlessly ——A Speech on the Closing Ceremony of the Second Conference About the Teaching of Architectural History

■摘要：此次大会是第二届中外建筑史教学研讨会，相对第一届丰富许多，成立了全国建筑学学科专业指导委员会建筑历史与理论工作委员会，探讨了诸多转型中的教学问题。作为大会总结，作者（发言人）力图概括出会议特色，也阐述了个人观点。包括：1）由数据看大会特色；2）由场景观大会组织；3）由演讲探教学发展；4）由启程到下届期待。尤其就会议探讨体现的6个方面的教学变化，作者（发言人）提出了应对思考和对教师的期待。
■关键词：大会特色　教学变化　应对思考
Abstract: This conference was the second term and more rich discussion than the first. In the conference, had founded the Working Committee of Architectural History and Theory under the leadership of NSBAE(National Supervision Board of Architectural Education), and had discussed many problems about teaching in the social transition. Author (Speaker) tried to summarize the characteristics of the conference and also represent her own opinions in the last of the conference. It's including: 1) finding the characteristics of the conference from date statistics; 2) viewing the organization of the conference from scenes; 3) exploring the directions of teaching from speeches; 4) expecting next meeting from the Working Committee beginning. Especially, author(speaker)gave some reflections on the six changing in the teaching when the conference discussed and hopes for the teachers.
Key words: the Characteristics of the Conference; the Changing of Teaching; Responsive Thoughts

今天中午专指委“建筑历史与理论工作委员会”开会，常青老师说我垂帘听政。第一感觉是别扭，因为我很多学生在这里，知道我是教学一线的人；第二感觉呢是憋屈，不让我说教学的事情，让我说领导的事情。但这个大会，开得这么圆满，作为专指委和同济大学共同举办的会议，我还是应该作一个大会总结，也借此机会表达一点学习的感想。

我的总结包括四个方面：第一，由数据看大会特色；第二，由场景观大会组织；第三，由演讲探教学发展；第四，由启程到下届期待。

第一，从数据看大会的特色，也是我们当今认知社会的方式。

我先报告一下：此次大会参会人数一共140人左右，确切地说是135人，今天赵辰老师过来是136；参会学校33所；参加单位包括来自中国大陆、中国香港、中国台湾、美国、瑞士、澳大利亚的相关高等院校和各个媒体。

我还做了一些简单的数据分析（图1）：大于70岁的占6%；40–70岁的占64%，是主体；小于40的占30%，可见老中青的传承有很好的体现，这也是中国建筑历史与理论教学队伍的传统和特色。另外从性别构成来看，男士占54%，女士占46%，均衡度很高，可以说是并驾齐驱，可能作为男士会觉得倍感压力，而对于女士来讲，或者从我自身来讲要坚持做建筑史还是蛮有挑战性的——第一要走向现场，这是一件很艰苦的事情；第二要有思辨的高度，这对倾向感性优先的女士来说无疑需要挑战自我。

我们也统计了一下展板（图2）：参加展览的院校有17所，展板数量24块，交流是非常充分的，而且多元性特别强。我有一个学生——现在是老师和我说，“每次参会都有压力，

图1　陈薇会议总结之一

展板参校：17所；展板数量：24块

图2　陈薇会议总结之二

图 3　陈薇会议总结之三

从单线到复线		开放的视野		中年：
从主线到层次		精准的定位		教学与科研结合
从纸质到网络		判断力很重要		有效组织教学
从对立到张力	⇨	批判性很关键	⇨	青年：
从翻译到双语		坚持原典阅读		加强自身修养
从辅助到前瞻		思辨能力培养		保持学习状态

图 4　陈薇会议总结

好像感觉两极分化越来越厉害”，我觉得不应该有这样的感受，每个学校有自己的定位，每个学校的建筑学有自己的定位，每个建筑院校的建筑历史也有自己的定位，教出各自的特色就好。

第二，由场景观大会组织，通过刚才的数据可以看出此次会议的规模是非常大的，而无论是会议安排和前期准备，还是我们看到的展览组织、学生的参与度、会务的服务以及细致入微的迎来送往，都非常好，令人满意（图 3）。我们为同济大学建筑学院和各位领导以及师生的热情周到和有效有序的会议组织，表示由衷的感谢。

第三，我重点谈一下从演讲来探讨教学发展的想法。

这次同济大学的会议也是全国建筑历史与理论教学的第二届会议，组织得非常好，对我来说是一个学习。公开讲座发言的人数特别多，有 21 人，再加上 4 次点评与对话，分会场发言 33 人，有 8 次总结与讨论，加上 17 个院校的展板，统计一下有 84 人次－学校的参与，所以接触面特别大。接触面大就会互动多，摩擦迸发或者生长出来的思想就多，值得研讨的东西也特别多，是一个高潮迭起的会议。刚才李翔宁老师都总结了，他总结了 9 点，我只总结了 6 点（图 4），比他的少。

一是“从单线到复线”，卢永毅老师的讲座给大家启发是非常大的。

二是“从主线到层次”，有微观的东西，有史实的东西，层次非常丰富。而且这不仅仅是一个案例，是多方面、多学科的交叉。

三是“从纸质到网络”，比如丁垚老师刚才讲的，还有很多学校如清华都提到了交互式的教学——从纸质的课本到网络教学的转变。

如果说我们教学中曾经将中西方放在对立的状态下，这次的会议上得到很多的认知交融，如朱光亚老师谈到的张力，如我从美国学者 Tracy 的讲座中可以理解有时候这种张力不光是中国和西方，有时候会在不同的学科，甚至是不同的时段用一种对应的学科思维去认识和教学，这些都得到了充分的讨论。

另外，我也注意到冯江老师谈到的双语教学，有很多学校都会认为在中国用英文教学是作秀，但是我认为在讲到西方建筑史，或者是用原典更能阐释的时候，如果老师有能力直接用原典教学，也是很好的，至少对我们历史教学来讲是很好的方式。这也形成“从翻译到双语”的变化。

同时很多学校都谈到历史和设计教学的结合，我们东南大学也蛮强调这点，但不是简单的手法的结合和辅助，在 20 年前我们就提出“历史作为一种思维方式”，对设计应该是启发甚至是前瞻的意义和作用。

面对发展，建筑历史与理论教学可能需要我们有更开放的视野、更精准的定位，你在什么时代用什么样的方式、讲什么案例，其实不能用一个通则来规范。另外在网络时代，信息非常多，怎么培养学生的判断力，这非常重要，以什么样的眼光、标准和底线，甚至是一种挑剔，能够判断你获得的信息，架构一个系统是非常重要的。刚才不约而同地赖德霖老师也谈到了批判性思维，这是很关键的。另外一方面我一直坚持要学生原典阅读，以及对学生思辨能力的培养也是很重要的。

全国高等学校建筑学学科专业指导委员会“建筑历史与理论教学工作委员会”，包括17所高校，共21人
图5 陈薇会议总结之五

因此，在这样一个纷繁多元的社会、一个多学科交织的历史教学需求下，对我们建筑历史与理论的教师来说，任务重大。而我作为专指委“建筑历史与理论教学工作委员会”的委员来说，有责任提出两点建议：首先，对中年老师来讲，教学和科研的结合非常重要，怎么样把科研的成果和认识，贯穿在教学中间，丰满内容，非常必要；另外还要对教学的组织有所承担。这一点同济大学做得非常好，前两周黄一如老师到我们东南去交流，看到他做的表以及说的一句话让我很惊讶，“只要打开电脑我就知道每一天每个老师每一节课讲的知识点是什么”。做到这样的程度，在这么大的学院做到这样有效的组织，是要花很大精力的。对中年老师来讲，所做的贡献就是要进行有效的组织，这是非常重要的，避免很多消磨、重复、对立。其次，对青年老师来说，如何加强自身修养，保持学习状态，以终身学习的理念坚持下去，这是非常关键的。

第四项总结，我愿意强调的是，全国高等学校建筑学学科专业指导委员会“建筑历史与理论教学工作委员会”已正式启程（图5），这个委员会包括17所高校，共21人，是一个蛮庞大的队伍，这个队伍应该共同承载历史的责任，在这特别的时代有所担当。今天中午我们开了第一次会议，审议和通过了“建筑历史与理论教学工作委员会”工作章程，同时基本上确定了下一轮也是第三届全国建筑历史与理论教学研讨会由天津大学承办和接力的方案，对他们的慷慨表示感谢。

最后我们期待相聚天大2017，再见同济2015。谢谢！

作者：陈薇，东南大学建筑学院 教授，博士生导师

“挑战与机遇——探索网络时代的建筑历史教学之路”

2015中外建筑史教学研讨会综述

张鹏　周鸣浩

Teaching Architectural History in the Internet Age: Challenges and Opportunities Review of the Symposium on Architecture History Teaching 2015

■摘要：2015 年 5 月 22 ～ 24 日，2015 中外建筑史教学研讨会在同济大学召开。会议以“挑战与机遇——探索网络时代的建筑历史教学之路”为题，探讨全球化网络时代，知识生产、传播和交流的方式发生质的改变背景下，建筑历史教学的新理念、新思路和新方法。本文以“当代建筑史研究动态与建筑史教学”、“网络时代与建筑史教学”和“建筑史教学在建筑学教育中的地位”为三条主要线索，根据会议发言、论文和相关背景文献，整理了与会者的主要观点。
■关键词：中外建筑史　教学　网络时代　建筑学教育
Abstract: The symposium of architectural history teaching 2015 with the title of "Teaching Architectural History in the Internet Era: Challenges and Opportunities" was held on May 22—24, 2015 at Tongji University. This symposium focused on the new contents and methods of architectural history education due to the fundamental changes occurring in knowledge production and communication in the Internet era. This thesis want to show the views and discussions in the symposium based on three clues: Contemporary architectural history research trends and architectural history teaching; Internet and the teaching of architectural history; The role of architectural history teaching in the architecture discipline.
Key words: Architectural History; Teaching; Internet Era; Architectural Education

2015 年 5 月 22 ～ 24 日，2015 中外建筑史教学研讨会在同济大学召开。会议以“挑战与机遇——探索网络时代的建筑历史教学之路”为题，探讨全球化网络时代，知识生产、传播和交流的方式发生质的改变背景下，建筑历史教学的新理念、新思路和新方法。本次会议由全国高等学校建筑学专业指导委员会（以下简称建筑学专指委）主办，同济大学建筑与城市规划学院承办，来自欧洲、美国、澳大利亚和中国 33 所高等院校及专业媒体的 135 位嘉

本文转载于《时代建筑》2015 年 04 期。

宾与会，其中17所院校参加了建筑史教学展览。会议开幕式上，郑时龄院士、吴长福教授、伍江副校长、李振宇院长分别代表同济大学学术委员会、建筑学专指委、同济大学和建筑与城市规划学院致辞。中国建筑学会建筑史学分会副会长、建筑学专指委建筑历史与理论教学工作委员会主任委员陈薇教授介绍了委员会自2011年以来的筹备过程，并宣布委员会正式成立，向委员们颁发了证书。

郑时龄院士在致辞中提出了国内建筑史学科的两个特点：一是建筑史学者之间的充分沟通，丰富的研讨会形成了交流的平台；二是建筑史研究中生长出的历史建筑保护紧密地与社会发展结合，让建筑史学科成为更具实践性的学科。吴长福教授则把建筑历史与理论学科形容为建筑学科最有深度、最有灵魂的核心部分。伍江副校长从网络时代知识爆炸，建筑史教学需要更多的交叉和融合，以及建筑史在建筑学学科中的地位三方面对研讨会提出了期待。李振宇院长则将建筑史描述为“建筑学人回答‘我们从哪里来，现在在哪里，要到哪里去’的大学问”。

这次会议的讨论可通过三条线索加以梳理：

线索一：当代建筑史研究动态与建筑史教学

当代建筑史的研究趋势对建筑史教学会产生深刻影响。建筑史学家们对“建筑史学史”的演进有过多种描述。吴良镛先生曾把中国建筑历史理论研究的历史发展，按照三十年为一阶段，分为建立体系阶段、专题研究阶段和理论研究阶段[1]。王贵祥教授认为，老一辈建筑史学家们着眼点主要在大木结构及其断代问题，以“确立一个明确的历史脉络和断代依据”；今天，学者们“已经将注意力转到了古代建筑的建造规律”，“探究古代建筑的设计方法和比例规则”，甚至建筑之外，如建筑主人、工匠、使用乃至社会心理，以及建筑历史的研究与考古学、艺术史、人类文化学、历史与文化解释学、美学等等的联系与互动[2]；并将建筑历史研究的方法论，分为历史主义的研究、考古学式的研究、谱系学式的研究、解释学式的研究[3]。杨豪中教授结合图像学及图像学方法的特征，阐述了图像学方法与建筑史研究的关联[4]。赖德霖教授在中国近代建筑史研究评述中，曾提出“早期的分期讨论体现了一种线性的历史观念……今后中国近代建筑史的写作不妨采取‘记事本末’的方式，以时空范围都比较明确的专题研究为主导，兼顾年代先后。各主题在时间上可有重叠，不必遵循看似清晰其实却简单化的线性编年”[5]。常青教授则曾提出，“关于建筑史的话题，主要是两个：一个是建筑史脱离现实，与实践分离，成为历史学分支的问题；另一个是建筑史介入建筑学的现实，讨论历史理论、价值观、本土化和实践参与的问题”[6]。会议的发言也基本是围绕这些基本问题，亦即建筑历史与当下的关系、西方理论与中国问题、多线历史与单线历史、宏大叙事与微观叙事等展开的。

周琦教授的发言“论从史出”则试图以中国古代史学传统解释不同历史阶段历史与理论研究的关系，并强调了历史研究的重要性。赖德霖教授的会议发言以“它山之石与我们的玉——参与国内建筑史教学的体会”为题，“它山之石”是指教学的材料，而“我们的玉”则具有双重含义：其一是中国学生能通过学习得到的；其二是借助外国的理论与历史知识来研究的中国本土的问题。他的发言主要围绕两个课程系列“画意话语与中国建筑”、“亚洲城市与建筑的空间”进行。第一个系列让学生通过阅读有关建筑画意美学的基本理论著作，使学生从新的角度了解20世纪建筑与城市思想发展的脉络，并促使学生在此语境下认识中国建筑史研究以及现代城市和建筑设计中的一些探索的意义，并进而培养在城市和建筑设计中对于视觉体验的自觉。第二个系列则关注空间问题和权力的关系，包括空间与社会组织、空间与性别、空间与记忆等。一方面给学生们介绍一些西方研究空间的著作，另一方面借此扩大学生们进行建筑史研究的视野。

冯仕达教授则以“关联与纲领——西方建筑史教学的策略”为题，“关联”(Relevance) 意指要让学生认识到建筑史学习与其职业训练和专业诉求之间的联系，并有针对性地推进教学的改革。他以在香港中文大学建筑史教学中以七个选题为例（七个选题是从古希腊到哥特时代的几何学、建筑绘图中的线性透视和正投影、科技革命对建筑的影响、学院派的传统、19世纪建筑行业的专业化、现代结构技术对建筑学的贡献），其目标是让学生建立古今关系的概念。而“纲领”(Synopsis) 的目的是让学生注意到重要的历史变迁，避免过度简化历史演进的本质，更不能夸大变化的范围和可能，应当保持在对历史细节把握前提下方向感，放弃对作品时代风格的简单分类法，去“注意一些东西，分辨一些东西，进行一个精读”。

在研讨会上，常青教授以“对建筑史基本问题的教学思考与探索”为题，发言重点关注了“新史学”对建筑历史与理论教学研究领域的影响。他认为，20世纪后期新史学的关注点之一，是对“宏大叙事”的质疑。新史学研究的重点，已经从搭建宏观的“大历史”结构，转向了解析微观的“小历史”节点，放大细节以诠释历史的复杂性和丰富性。而在当今建筑历史的教学中，如何既避免空泛松散的“宏大叙事”体系，又不至于仅仅提供支离破碎的知识片段，是所面临的主要的挑战。在同济大学的国家精品课程“建筑理论与历史（一）”中，通过对中国建筑的古今演变历程、民间风土建筑地域谱系、官式古典建筑营造原理、古今建筑的中外关联、中国建筑遗产的现状与未来等内容以专题形式进行讲授，“一是对历史材料的辨识和梳理，关注史实的论证和复原；二是对历史演化的疏通和释义，关注理论的诠释和建构”[7]，从而实现了传统问题讲授视野的拓展以及建筑传统的价值和前景的新诠释。

刘松茯教授的发言“建筑理论教学的疑点解析与文本阅读”，强调了建筑是时代的产物，时代风尚改变了人们的思想，以至人们对建筑的理解和设计理论、方法。卢永毅和王骏阳两位教授则更为关注建筑史研究及建筑历史教学和研究从单一线索转变为多重线索、从主线贯穿转变为层次丰富的历史观念的系统的趋势。卢永毅教授的发言以“超越时代精神——西方现代建筑史教学再探索”为题，将我国西方现代建筑历史教学的演进分为了四个阶段：第一阶段是“风格史”和进化论观念下的历史叙述和认知；第二阶段是从风格史扩展到观念史的历史叙述与认知；第三阶段是从单线历史到复线历史、批判的历史；第四阶段是微观史专题研究和历史的多重叙述。基于对这四个阶段的回顾，卢永毅认为应当建立一种超越时代精神和进步观念的历史认知，目标是让历史回归到自身的复杂性和丰富性当中。具体方式是通过强调复线的历史、追求多样的叙述、主题化的历史叙述方式来达到，并应呈现出建筑演进过程中所有的探索者如何思考这些时代的问题，进一步理解西方建筑文化的延续性和多样性和建筑学科的生命力。

王骏阳教授则认为，“从主线历史走向多元历史”已是一个被普遍接受的观点，因此他以“从主线历史走向多元历史之后的问题”为题，提出面对多样性这一事实，对现代建筑多样呈现的评价与批判以及认识所存在的标准会更加重要。今天的多元历史并不等同于什么都行，一定仍会存在某种标准，而今天的史学研究会是在主线历史和多元历史之间、正统和多样之间的“周旋”：通过主线历史的“摇旗呐喊”推动现代建筑的发展，通过多线历史反思和批判主线历史的问题。对于网络时代的建筑史教学来说，能够让学生更加提高对建筑品质的一个认识，并通过这种认识来应对从主线历史走向多元之后出现的相对主义立场作出一定的回应，他认为“这也许是建筑史教学能够对这个问题的一个回应”。

线索二：网络时代与建筑史教学

在全球化的网络时代，知识生产、传播和交流的方式正在发生质的改变，各学科领域传授知识的内容和形式都面临着前所未有的巨大挑战，建筑历史教学由于跨学科范畴的特点而首当其冲。在这样的时代背景下，如何化挑战为机遇，在已有建筑历史成熟教学体系的基础上拓展和深化，探索课程教学的新理念、新思路和新方法，以适应未来高端专业人才培养的新需求，已成为我国高校建筑学教育不可忽视的一个重要方面。

会议重点讨论了建筑史教学如何因应网络时代的改变，以及这种改变的影响——包括教学方法上实现从纸质到网络的多重媒介、多学科的交叉；以及全球化的背景和互联网对中外建筑史学研究的影响。

多位发言者在对网络时代带来变化赞赏的同时，也表达了对网络带来不利问题的忧虑。王骏阳老师认为，网络时代一方面带来了信息获得的便利条件，一方面也会带来信息碎片化、缺乏观点、缺乏批判性反思的问题。他认为建筑史教学在网络时代最重要的是应该注重信息的关联性和系统性，同时强调理论性，让学生建立一种基本立场，通过提出问题，引发对历史信息的反思。朱光亚教授也认为，新世纪的网络技术在带来推动国际交流、拓展学生视野、提升速度的同时，其负面作用也不能忽视，“视觉和听觉，尤其是视觉在人的认知活动中成本大大降低并极大地冲淡了学生认知的生理、心理和心灵层面的体验和思考……嫌弃中国古代的概念、术语，认为它们无法和现代英语等拉丁体系的语言对应，以至于那种动辄用西方的范畴、概念和体系去衡量中国古代的范畴、概念和体系的作风成为惯例。文化的自信和自觉就是在这种不知不觉的教学过程中丧失”[8]。

朱光亚教授的发言“在全球化的两极张力中的建筑史教学目标讨论”，分析了全球化和信息化、网络化的形势和引发的问题，从建筑历史与理论学科所处的外部大环境出发，对建筑历史教学以及相关的教学、教育的目标应该如何设置和调整提出了自己的见解。他希望克服工具理性和碎片化思维的影响，克服主客二分的教学状态，回归本体，回归文化的自信和自觉，放眼世界，将培养一代有思想的新人作为基本目标，为他们的成长提供可能的弹性的教学环境。

与朱光亚教授较为宏观的论述不同，来自清华大学的王贵祥和贾珺两位教授具体介绍了清华大学包括 MOOC 课程在内的中外建筑史课程建设情况。王贵祥教授详细介绍了清华大学的中国建筑史 MOOC 课程的建设过程，包括授课老师的备课、出镜、制作、宣传、测试、翻译、运营、推广，以及“幕后英雄”助教的作用。贾珺教授则从营造学社与清华的渊源出发，全面介绍了清华大学从本科一年级的“外国古代建筑史纲”、“中国古代建筑史纲”等强调史实的课程一直到高年级、研究生阶段的“西方古典建筑理论”、“中国古代建筑理论”等偏重理论的课程系列，贯穿其间的是对清华大学融汇中西传统的强调。贾珺特别指出，网络课程具有一定的普及性，能让更多地域、建筑专业之外的人学习建筑史，但并不能替代目前的专业课堂教学，“哪怕是再年轻、资历再浅的教师授课，都有着不可抹杀的优势和独特的魅力，这种感觉是视频绝对不能替代的”。

如果说多数发言者仍在以传统的方式描述网络时代的建筑史教学，作为最年轻的主题发言者，丁垚副教授的发言则意图用一种网络化语言的姿态表达时代的不同。正如他在一篇旧文中所描述的“我希望能把这段话处理得尽可能阅读起来很顺滑，但又压缩或者说注入了很多信息，包涵各个层面的。虽然现代汉语还很不成熟，但我希望把汉语的潜力调动，能让文章既有意，也有味”[9]。在短短20分钟中，他用碎片化的话语和图像，快速转移的关于人类学之感同身受，语言的能指与所指，教学过程的话语建构等话题，传递了他对网络时代建筑史教学中“对象”与“我们”、“历史”与“当下”、“想象”与“真实”、“他者”与“自我”关系的思考。

线索三：建筑史教学在建筑学教育中的地位

建筑历史历来是建筑教育的重要组成部分。在建筑学教育当下发生的巨变中，建筑历史学科因其非实用性，而具有被边缘化的倾向[10]。另一方面，建筑历史学科也在日益与文化、历史、宗教和经济研究等相关学科发生交流和融合，从而让单纯的风格史、技术史所占比重日趋降低。同时，建筑学科越来越重视对文化脉络和环境脉络的理解与应对，“文化的议题为建筑的创新发展开辟了更大的可能性”[11]，“加强建筑哲理学和建筑文化学的研究，为建筑创作、城市规划设计提供传统建筑析理学的思想和理论武器”[12]。与之对应，在建筑教育领域，单纯的建筑历史教学面临着越来越大的挑战，黄一如教授在本次会议展览的开幕式上提及，同济的建筑历史类课程在整个学时比例中不足10%，且还有着整体课内学时减少而带来的削减课时的压力。与这种并不乐观的趋势相对比，自建筑历史学科生长出的建筑遗产保护学科却呈现出越来越强的生命力，相关研究也大幅增长[13]，“历史建筑测绘”、“建筑技术史”等原有建筑史课程和新开设的“历史建筑形制与工艺”、“城市阅读”、“保护技术”等显示了这种对遗产的关注。与此平行，建筑史的教学也更多地和建筑学科的其他课程，如设计课程、建筑技术课程，产生了交流和整合。在这种背景下，建筑历史教学应作如何调整，建筑史教学在整个建筑学教育中应如何定位？

常青教授在十余年前的一篇文章中曾认为，“建筑史教学的目标，是增强学生对环境脉络的理解力，培养起当代水平的历史意识”[14]。他认为建筑史课的内容应包括建筑史知识、建筑史问题和当代思考三个层次，并将其纳入建筑创作策略和方法层面。贾珺教授在会议发言中提出了类似的四点：建筑史知识、审美能力、研究能力和历史修养。他认为“这种能力有可能转化为设计的能力，但并不一定直接去转化为设计”。卢永毅教授也指出，现代建筑史的学习对学生在树立建筑观念、形成价值认识、建立设计原则，甚至是探索形式、语言的过程中都会产生长期的影响，甚至也是我们自身探索建筑现代化发展历史之路的重要参照模式。柳肃教授也认为，建筑历史教学不应过于功利，应以提升文化修养为目标，甚至应承担起对全民普及建筑艺术教育的责任。

在会议主题发言中，王其亨先生以“直接融入国家文化遗产保护体系的古建筑测绘教学改革”为题，从体制攻坚、校际交流、技术手段等方面，全面介绍了具有70年历史的天津大学古建筑测绘这一传统的建筑史课程，融入国家文化遗产保护体系、建设国家文物局测绘重点科研基地的过程。张兴国教授介绍了重庆大学建筑历史与理论教学团队，在建筑史教学的基础上还开设了“传统建筑空间形态与环境”、“乡土建筑设计”等与传统建筑相关的系列理论课和设计课程，让学生在理解和认识中国古建筑发展演变规律的同时，能从中汲取中国传统建筑优秀创作理念和方法。

吴庆洲先生则以自身的学术成长经历为引子，向与会者介绍了近三十年来华南理工大学的教育与学科定位，基于量化数据，分析了华南理工建筑史方向博士培养的生源、培养方法、论文选题和就业取向。他特别提出，2002年之后，建筑史方向的论文越来越多地出现了学科交叉的倾向，如文化人类学和民居研究的结合、古建筑与宗教的结合等，表明建筑史研究中开始尝试引入其他学科的视角与方法，或者在界定更为明确的范畴内进行细致深入的研究[15]。

分会场发言以建筑史教学一线的青年教师为主，更多地关注了建筑史课程和建筑设计教学的关系。同济大学王凯老师的发言对理论和设计的关系进行了关注，他认为，虽然对于学术研究来说，对实用性的过分直接诉求是有害的，但是作为本科培养环节的历史理论课程，则不能不对这个问题有所回应。他以“复合型创新人才综合素质实验班”的建筑历史课程教学为例，通过“系列练习”的设置，以及分为以理论性话题为主题的系列历史讲座、历史建筑案例综合研究、融合理论思考和制作的装置设计三个部分设定，分别对应历史和理论的关系、历史和设计的关系以及理论和设计的关系，尝试融合理论思考、历史意识、设计制作、课堂讨论、学术写作等多元训练在内的“另一种教法”，希望把建筑历史理论课转向一定程度上“以思维训练为主导”的课程[16]。

结语：建筑历史教育的趋势与未来

短短三天的会议，135 位嘉宾进行了 6 场专题讲座、15 个主旨发言和 31 个分会场发言，全面呈现了对建筑史学科现状的焦虑、观点的碰撞和对未来的思考。李翔宁教授把与会者观点归纳为九对概念：传统课程／网络课程，历史文化／快速发展，地方性知识／全球化泛滥，历史教学／设计教学，中国传统／西方理论，知识／创新力，主线历史／多元历史，专业知识／社会普及，专业原则／文化符号消费。陈薇教授在闭幕总结中则把会议讨论总结为“单线到复线、主线到层次、纸质到网络、对立到张力、翻译到双语、辅助到前瞻”六个趋势，她认为，不同年龄层次、不同文化背景、不同院校的参会者“接触面非常大”，进行了充分的互动和交流，“是一次高潮迭起的会议”。

注释：

[1] 吴良镛．关于中国古建筑理论研究的几个问题 [J]．建筑学报，1999 (4)．
[2] 王贵祥．被遗忘的艺术史与困境中的建筑史 [J]．建筑师，2009 (2)．
[3] 王贵祥．建筑历史研究方法问题刍议 [J]．建筑史，第 14 辑．
[4] 杨豪中．图像学与图像建筑史 [C]．2013 第五届世界建筑史教学与研究国际研讨会论文集．
[5] 赖德霖．从宏观的叙述到个案的追问：近 15 年中国近代建筑史研究评述 [J]．建筑学报，2002 (6)．
[6] 常青，赵辰．关于建筑演化的思想交流 [J]．时代建筑，2012 (4)．
[7] 常青．对建筑史教学基本问题的探索（上）——同济“建筑理论与历史（一）”课程教学举要 [C]．2015 中外建筑史教学研讨会论文集．
[8] 朱光亚．在全球化的两极张力中的建筑史教学目标讨论 [C]．2015 中外建筑史教学研讨会论文集．
[9] 丁垚，刘东洋．书写历史与瞬间：《从发现独乐寺》的写作谈起 [J]．建筑师，2014 (6)．
[10] 王贵祥．被遗忘的艺术史与困境中的建筑史 [J]．建筑师，2009 (2)．
[11] 朱光亚．建筑与文化的关系有感 [J]．建筑与文化，2014 (3)．
[12] 吴庆洲．中国建筑史学近 20 年的发展及今后展望 [J]．华中建筑，2005 (3)．
[13] 贾珺．建筑史论文集 1–20 辑成果分析与评述 [J]．建筑史，第 21 辑．
[14] 常青．培养历史意识，理解环境脉络 [J]．建筑学报，1997 (5)．
[15] 吴庆洲．近卅年华南理工大学建筑史学教育与学科定位 [C]．2015 中外建筑史教学研讨会论文集．
[16] 王凯．系列练习——一个关于建筑历史理论课程教学的设想和实践 [C]．2015 中外建筑史教学研讨会论文集．

作者：张鹏，博士，同济大学建筑与城市规划学院　副教授；周鸣浩，博士，同济大学建筑与城市规划学院　讲师

秩序·媒介·表达：结合布扎和现代体系的建筑初步课教学研究

吴志宏　高蕾

Rule, Design Media and Expression: A Research of Teaching Pattern of Elementary Architecture Design Combined with Beaux-Arts and Modernism System

■摘要：建筑初步教学是当前教学改革的一个难点，基于现代体系的教学方式如何与源于布扎体系的传统教学方式更好的结合是一个非常重要的课题。本文通过对两种教学体系特点的分析，结合对现代设计过程和规律的理解，针对当前教学现实条件和存在问题，提出了以“建筑秩序，设计媒介和设计表达”为主轴的教学模式，并以昆明理工大学建筑设计初步课为例，对其主要教学内容和方法进行了说明。
■关键词：建筑初步　秩序　媒介　表达　布扎体系　现代体系
Abstract: Teaching pattern and methods of elementary architecture design combined with Beaux–Arts and Modernism teaching system is an important and difficult issue that teaching reform facing today in architecture school of China. Through deep insight of the regular pattern and process of modern design, this thesis proposes a new teaching pattern which view the architecture rule, design media and expression as key point of elementary architecture design teaching, and takes the teaching practice of KUST as example to detail the teaching program and methods at the end.
Key words: Elementary Architecture Design; Rule; Design Media; Design Expression; Beaux–Arts System; Modern System

一、传统布扎建筑初步教学模式的转型及问题

传统建筑初步课的教学是建立在巴黎和宾夕法尼亚大学布扎（Beaux–Arts）体系之上，在新中国成立后确立起来的以建筑类型为基础的教学体系的一个环节，其教学的本质在于对先例示范和模仿，“师徒”式的教学过程保证了设计知识和方法的传承。在初步课教学中，形成被归纳为临摹、构图和设计（抄、构、设）的“三段式教学法”，是学习渲染的技法，将所学的古典建筑的形式语言最后运用到设计中去[1]，形成“环境－功能－形式”、“平面－立

面－透视”等设计路径和类型化的教学方法。在初步教学中，通常在上学期是以渲染为主导的（包括写字、画线）教学模式；下学期则开始做一些小建筑的设计，如亭子、大门、书吧等小型建筑的设计，通过对中外经典建筑及元素的临摹、套用、拼贴的长期模式化训练过程，试图在潜移默化中培养学生对空间感和形式美的培养，建立起包括对建筑构图的平衡、节奏、比例、尺度、对比、调和、统一等方面的认知和运用。而为配合设计基础教学，还设置了建筑制图、画法几何课程和建筑基本知识的讲授，以及两年的素描和色彩训练课程。对于整个五年的建筑设计教学而言，建筑初步课的主要作用就是为后续设计课打好基础，让学生建立扎实的“识图、制图和表现”的基本功。

改革开放之后，源自包豪斯基础课程的“构成”教学逐渐被引入建筑初步教学，以弥补传统设计教学对于造型基本方法的不足，“三大构成”（平面、立体、色彩）开始与制图、渲染教学一起成为建筑初步教学的内容。但是源自布扎体系的设计态度和方法并没有改变，对于基于另一套价值和方法的现代主义建筑，也和古典建筑一起成为临摹式教学的对象。尽管有的学校也开始将模型作为教学的一个重要环境，然而模型也像渲染图一样，只是设计最终表现的一种方式，而不是推敲和验证设计的方法。

虽然“三大构成”引入有助于建筑造型与空间等设计基础的教学，但在初步教学中并未形成有关空间和造型的系统教学体系和教学模式，使得有关空间和造型的问题仍是学生最不易理解和最感到困难的，也是教师利用传统教学难以解释和示范清楚的，于是作为设计基础的空间和造型问题成为“只可意会、不可言传”的问题，只能依靠学生长时间才能“感悟”。许多学校在初步教学实践中也发现，从工艺美术教育引入立体构成和空间构成教学不能很好地适应建筑学的需求，也不能真正解决空间和造型的基础教学的问题，学生在构成课上虽然做出了许多很不错的成果，然而到二年级真正设计课学习时，却很难把空间造型的方法与技巧结合到建筑设计之中。

虽然，空间和造型能力的掌握并不可能在短时间内由一门课程就能解决，是一个需要在整个本科体系教学中不断深化的过程，但也反映了初步教学体系架构的不合理：基于布扎的图画式教学和基于现代的构成教学简单的并置，并不能真正解决初步教学所面临的问题，很难达到应有的教学效果。

也有一些学校也采取了各种有益的探索，例如有的学校在一年级上学期对大师作品建筑空间分析的基础上，在下学期设置“建筑空间分割与组合”训练，要求学生把对大师系列作品进行分析，把其在空间营造、空间序列和形式语言等方面所得到的结论和方法，加入有关功能和行为等限定条件后，运用到空间组织和建筑形态的再创造[2]；有的学校在二年级上学期设计Ⅰ中采取“介入式”的教学方法，即在给定的经典小住宅设计的平面基础上，让学生完成空间和造型的设计，使学生在对功能布局的基础上，将学习的重心转移到形式与空间的互动关系上[3]。有的是在二年级上学期学生在对建筑设计初步学习之后，在下学期的设计中要求在对设计各方面理解的基础上先做一个有针对性的空间构成，再在此基础上按相关设计要求深化设计；也有的学校结合空间构成，在一定尺度的方体空间内，要求学生结合指定的功能进行一个内部空间的构成并深化室内设计，借以训练学生对空间内在逻辑（使用、尺度、光线等）的理解……

东南大学以及后来南京大学一批中青年教师受苏黎世联邦高工的影响，逐渐形成基于空间和建构的系统教学体系。2001年，顾大庆教授在香港中文大学开始了建构工作室的教学，在2011年出版了《空间、建构与设计》一书，系统阐释了香港中文大学10年的建构工作室的教学经验和成果，并举办了“空间、建构与设计研究”工作坊，对全国建筑青年教师进行建构教学的培训工作。这些都对全国各院校的相关教学产生了很大的影响。

以上这些实践对于初步教学的改革具有很好的启发，然而，要移植这种教学模式既非易事，也未必完全合理。一种新的教学模式的建立并获得良好的教学效果，首先是有赖于新的教学体系的建构，包括系统的教学内容和教学组织形式，以及相关课程群的设置调整。例如中大建构教学是由纵向的工作室团队来承担，面对的学生是本科二、三年级以及两年的硕士班。因此，在一般建筑院校，很难单独依靠本科一年级初步课的空间构成教学环节完成，这就需要对整个教学体系和教学组织进行调整。

其次，教学体系改革获得成功的关键在于人的因素。一种教学模式，不仅仅代表着一些具体的教学内容和方法，实际上是不同建筑的思想和观念在建筑教育中的延伸。因此，一种新的教学改革需要一批具有较高建筑理论和实践素养的教师队伍，这也是许多普通建筑院校所不具备的。原先初步设计课“图画建筑”的教学模式，习惯于程式化的识图制图练习，按范图临摹的教学和评价方式，转换为较为抽象的、逻辑性的空间构成和建构的操作模式，既具有明确可循的规则又形成多样化的结果，这对教师提出了更高的要求，教师本身对空间理解和设计的素养会对学生的指导和作业的评价带来巨大影响。最后，传统布扎体系的教学模式也存在许多优点，而且长期形成的教学体系和组织架构也不是立刻就可以完全调整到理想的状态，因此也不能片面地对其一概否定。因此，就有必要探讨在既有教学体系的基础上，如何将布扎体系和现代建筑体系相结合，形成具有二者优点的、符合各自学校特点的、循序渐进的、更具合理性和适宜性的教学体系、模式和方法。

二、模式先导与问题先导的设计教学

建筑设计教学体系，实质上是教育者对建筑设计本质和设计方法的理解及其在课堂内的实践及运用，并且因为所面对的教学条件和教学对象的不同，而形成具体的教学手段或教学模式。

“模式－类型－技巧－表现”：基于布扎体系发展起来的传统教学体系，本质上是通过师徒制的教学方式，对经典建筑的规则、样式及相应的知识和技能进行传承，无论经典建筑是传统或者现代建筑先例，本质上都是一种基于经验的、模式的、描摹的、技能的教学模式。

“问题－逻辑－方法－表达”：而现代主义的教学体系核心上则是来源对设计本源或问题的逻辑分析和解答过程，分析方法和解答的方法则是问题逻辑以建筑的方式来呈现和确定的过程，无论采取科学的、艺术的还是体验的向度和方式，建筑设计既是过程又是结果的表达。

对于建筑设计的本质，顾大庆教授认为，它是通过建造过程用材料来塑造空间，建构是有关空间和建造的表达，在塑造空间的手段和所生成的空间的特性之间存在一定的内在关系[4]。它虽然是建筑内在性的基本问题，但不是建筑设计的全部。

建筑是建筑内在性和外在性问题交叠与互动。外在性问题，包括环境、气候、社会、经济、人文、功能等方面的限定和需求，在建筑学内的“投影”，是“建筑为何如此”的问题；内在性的则是“建筑如何生成”的问题，它涉及空间、材料、技术、建构等方面的知识和经验，是外在性问题通过建筑学方式得以实现和物化的“框架”和“手段”。

建筑设计则是以上内部性和外部性问题通过各种设计媒介物化为建筑的过程，建筑设计的完成并不等于建筑的完成，而是对建筑真实的信息模拟——建筑语言，它通常表现为图示语言（图纸和模型）的方式，建筑师一方面借以推敲和深化设计；另一方面也向其他建筑师、业主和建造者传递建筑信息。理想的情况是，建筑语言在生成和传递的过程中保持信息的完整性和准确性，建筑语言的载体便是设计媒介。在建筑师和工匠合一的传统社会，设计媒介由语言、文字和简单的图示来承担，自然工匠的经验是保证信息有效传递和实现的基础。而现代社会，随着图纸、模型、虚拟模型甚至全维度的建筑信息模型（Building Information Modeling）的发展，为建筑设计提供了强大的研究和表达的工具。因此，设计媒介是连接设计的前端（问题）和设计的末端（表达）重要环节，是建筑设计最基本的思考和表达的工具。

建筑设计所面临的问题从来都是复杂性和多维性的问题，没有绝对正确和唯一的解答，而是通过“累次博弈”（经不断推敲而优化）而趋向于整体相对合理的过程，一方面需要具备与建筑相关外部知识和建筑专业知识，以及代表着问题应答和经验积淀的各种优秀的建筑先例及设计模式的学习；另一方面，也需要在设计整个过程中合理有效地使用包括建筑草图在内的各种设计媒介。

因此，建筑设计（教学）可以概括为：建筑师为应对某种问题和需求，按照建筑内在和外在的秩序，以建筑媒介为思考工具和表达手段，将建筑设想转换为准确的，可以为其他相关专业者能够理解、传递和进行建筑营造的建筑语言及信息系统。

对于初学者而言“经验－类型”的教学模式是十分重要和必需的阶段，通过相对程式化的、易理解的、模式化的、类型设计学习，使学生可以逐渐积累和建立对设计的知识和经验，在此基础上，学生也才可能建立起基于“问题－逻辑”的真正原创能力。最初的设计学习是起始于对建筑基本知识和技能进行逐步积累，从优秀先例和设计模式中模仿、借鉴并逐步掌握基本设计方法的过程。但随着学习的深入，更加重要的是培养学生形成自己的“建筑意识”和“设计方法”的过程，这是一个对相关专业知识、理论和设计综合学习和深入理解，逐渐形成对设计问题和设计品质判断辨别能力，形成自己优化设计的方法，具备自我学习找寻建筑答案，甚至建构自己的设计思想和设计方法体系的过程。

因而，传统布扎体系的某些方面对于整个设计教学而言是十分必要的，然而在传统的初步教学甚至整个本科教学中，更多注重前一种模式的教学，使学生更快、更多、更好地熟练掌握专业技能成为教学的主要目标和内容，大学建筑教学成为职业素养教育，而对学生理论素养、思辨能力和真正原创性设计的教育却十分有限。这就需要在整个本科教学体系和教学过程中合理配置和结合两种教学模式，同时这种结合并非是在一年级初步教学中采取布扎教学模式，之后采用现代教学模式那么简单，而应该是两种教学模式在初步设计教学中系统结合、整体安排。

三、注重空间秩序、设计媒介和建筑表达的初步教学体系及实践

初步课教学的一个重要目的，就是在培养学生对建筑设计兴趣的基础上，逐渐使绝大部分新

生所具有的理工科思维方式转变为建筑学的思维方式，围绕着空间、造型、建造、表达等基本方面，建立对建筑学初步但又全面的认识，为今后建筑设计的学习打下良好的基础。因而，对于初步教学而言，如何合理结合“经验－类型”和“问题－逻辑”两种教学模式的特点，并在初步学习阶段形成适宜有效的教学体系和方案，则是十分重要的问题。

自 2010 年起，昆明理工大学建筑与城市规划学院的初步教学开始有较大调整，在不断尝试和改进中试图探索一条布扎和现代体系相结合的教学方式。在实践中发现，初步教学需要解决几方面核心问题：1. 如何激发学生对设计学习的兴趣和热情；2. 如何更好地培养学生的识图和制图的能力；3. 如何使学生更好地理解建筑设计的思维和基本方法，掌握包括草图、模型、建模、图解、工程图等多维的设计思考和表达能力；4. 如何使初步课与相关辅助课程尤其是制图课更好地整合；5. 如何使初步课“空间－造型”训练与二年级设计课更好地衔接。

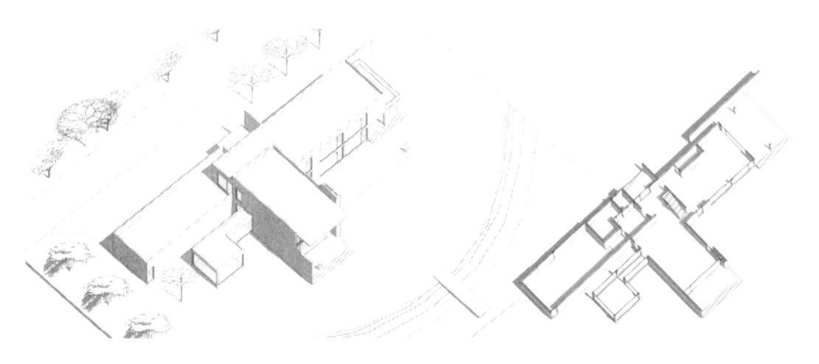

图 1　识图制图综合练习给定的小别墅模型

图 2　建构基础作业

因此，在初步课教学中，由浅入深、由易至难地设立四个主要的教学板块：设计制图、建构基础、设计先例解析和空间构成。总体上，在上学期安排的是具有程式化、模式化但又一定程度上结合了需要有创造性的教学内容，而下学期则是安排相对比较综合性、分析性和逻辑性较强，工作强度较大的教学内容。而各个教学环节又根据知识点的不同，划分为更具体但相互关联的次环节，这样也有利于将繁重的学习和作业化整为零，使教学具有较好的节奏，以提升教学的效果。

建筑制图放在教学的第一个环节，是由于识图制图是整个设计学习的基础，也相对容易被学生掌握，使学生能逐渐熟悉和适应建筑学习的特点和节奏（图 1）。但与传统教学对各种建筑图和渲染图不断抄绘不同，制图课首先设置的是“海报设计”环节，既部分起到平面构成教学的作用，又激发了学生的学习兴趣；其次，在一年级上学期正式的识图制图环节，改变以往对抽象的三视图以及透视图的抄绘，而是要求学生对给定的三维模型，利用 SketchUp 剖切工具辅助来自行绘制平、立、剖面图和透视图，这样有利于学生更好地建立对建筑二维图纸及其规范的理解。最后，之后的制图教学环节完全融入并贯穿其他教学环节之中，结合不同教学环节需要设置不同的制图知识点和讲授内容，而且制图环节也可在其他教学环节中得到不断地强化和深入的练习。

建构基础教学，要求学生选择纸板、纸管、PVC 管、竹子、土等材料来建造一个小型空间、构筑物或家具，或可进入，或可使用（休息、评图）等。学生通过对材料及其构造方式进行研究之后，结合图纸、模型和实际建造实验来尝试、修正、优化最初设计，甚至发现新的设计构想。与前一阶段制图训练相比，学生激发了更大的热情和自我实现的满足感，更重要的是，通过这个环节，使学生理解到二维图纸、模型与真实空间建构物的联系与区别，同时也让学生体验了不同材料在有重力的影响下如何通过不同的结构和连接方式形成有逻辑的形式、有表现力的形式（图 2）。

建筑先例分析，则是选择大师作品进行图解和分析（图 3）。对于此环节，在教师中间存在一些争议，认为一年级的学生都还没有对建筑基本的认识，不具备分析大师作品的可能。该环节侧重于学生对于经典案例的学习过程，它分为两个阶段：前一个阶段要求学生查找并阅读该作品相关文献，包括大师基本的创作思想及其在各时期的变化和他人评论的文献，然后对比大师在不同时期的作品相似和区别，形成学生对该作品相对

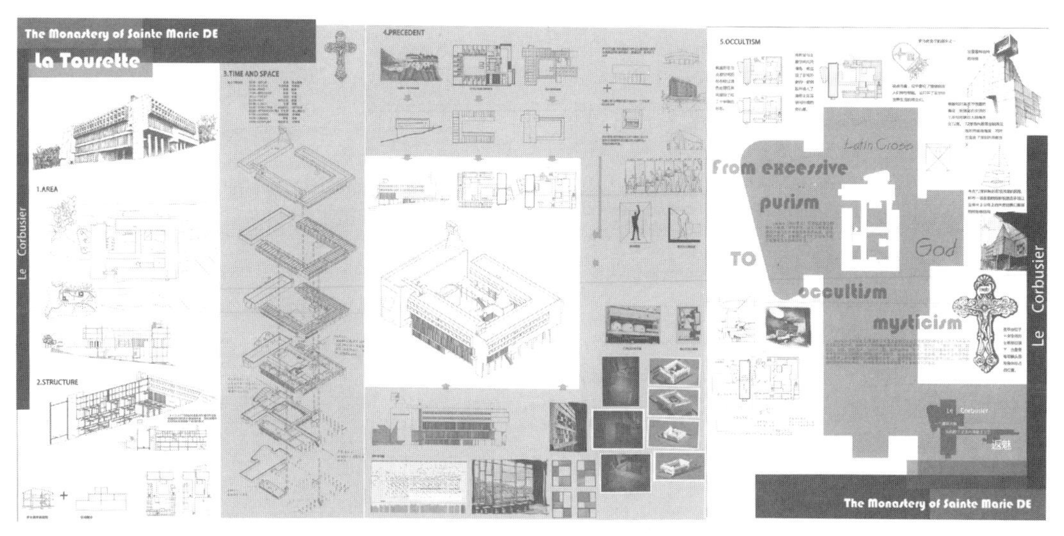

图 3　建筑先例分析作业

系统的总结及自己的认知；后一个阶段则是要求学生把这些认知通过图示语言、图解、电脑建模和可拆解模型的方式表达出来。因此我们认为，这是初步教学中的一个重要环节，通过自己的研究和多次的公开汇报，学生既能学到很多建筑设计的知识和方法，也可以建立自己研究、认知未知领域的基本方法和主观意识。实际教学中，许多学生展现出相当不错的研究力度和深度，教会学生自己学习的方法远比讲授一些知识更为重要（图 4，表 1）。

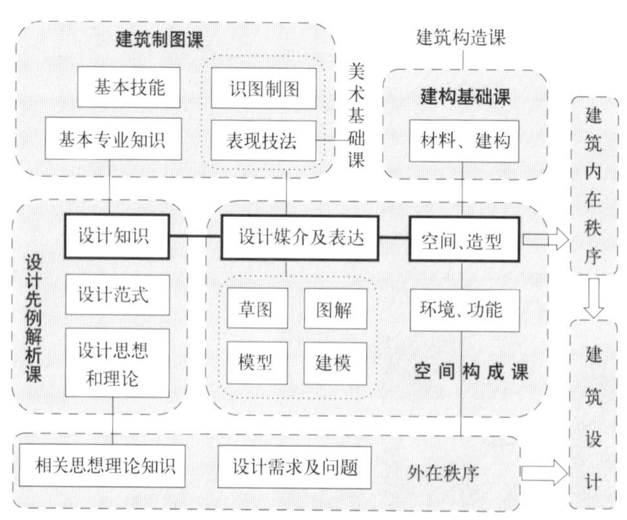

图 4　昆工初步课教学框架及各门课程相互关系

昆工初步课各教学环节内容安排　　表 1

学期	教学环节	初步设计导引（0.5 周）	图形组合（2 周）	建筑识图制图（6.5 周）		建构基础（7 周）
第一学期				简单建筑图抄绘（1 周）	建筑制图综合练习（5 周）	
	教学内容	课程总体介绍、基本要求	图形抽象组合	了解和掌握基本的绘图技巧	掌握识图和制图的技能	材料特性、组合及节点研究
	基本要求	阅读相关参考书，课外基本技能训练	以抽象的方式制作建筑海报	按照相关制图规范、程序和规则抄绘图纸	用图示语言综合表达给定三维模型	利用给定材料建造一个小型空间或构筑物
第二学期	教学环节	先例分析（7.5 周）		空间构成（8.5 周）		
		先例学习（2.5 周）	分析表达（5 周）	平面构成及空间生成（2 周）	空间的建筑化（4 周）	空间的表达（2.5 周）
	教学内容	经典设计思想及设计方法学习	建筑分析及表达方法	掌握平面及空间形态构成的逻辑和方法	内在及外在秩序下空间和造型操作	综合利用各种设计媒介来优化和表达空间
	基本要求	阅读相关设计文献和评价，理解设计先例的逻辑和方法	完成分析图、表现图和可拆解分析模型	按照一定的规则和变换逻辑来进行平面构成和空间构成	综合考虑尺度、需求、动线、内外关系的空间操作	草图、轴测图、模型、虚拟建模统合运用；空间表达表现

空间构成的教学是整个初步教学中最具综合性和难度的环节。它改变以往只注重于造型训练，而是引入一些基本建筑的问题、常规限定条件，培养同学在构成中的设计思维和方法。具体做法是，首先要求学生根据规定的尺寸，按一定秩序和规则进行空间建构；其次逐步引入一定程度的使用功能、流线、人体尺度、家具和环境限定，要求学生通过绘制轴测图、拆解模型、建立电脑模型并进行剖切等方式，结合模型整体关系，以及从平、立、剖面和透视角度来分析各个空间维度和内部空间，验证、推敲和优化空间；最后要求学生用传统的手工绘图的方式，把以上逻辑过程以及空间特质表达出来（图 5 ~图 7，表 2）。

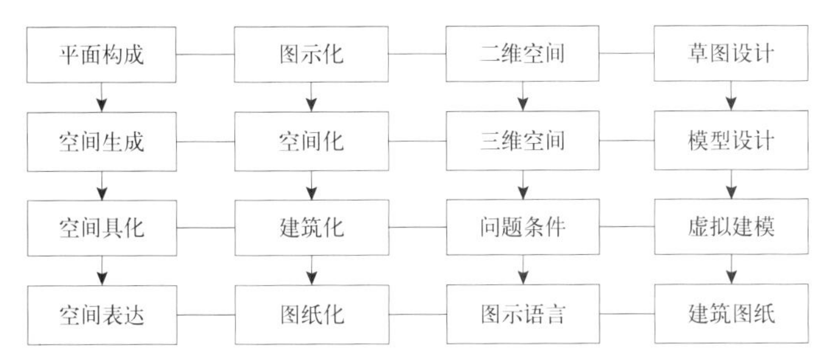

图 5　空间构成课教学框架

图 6　空间构成建筑化

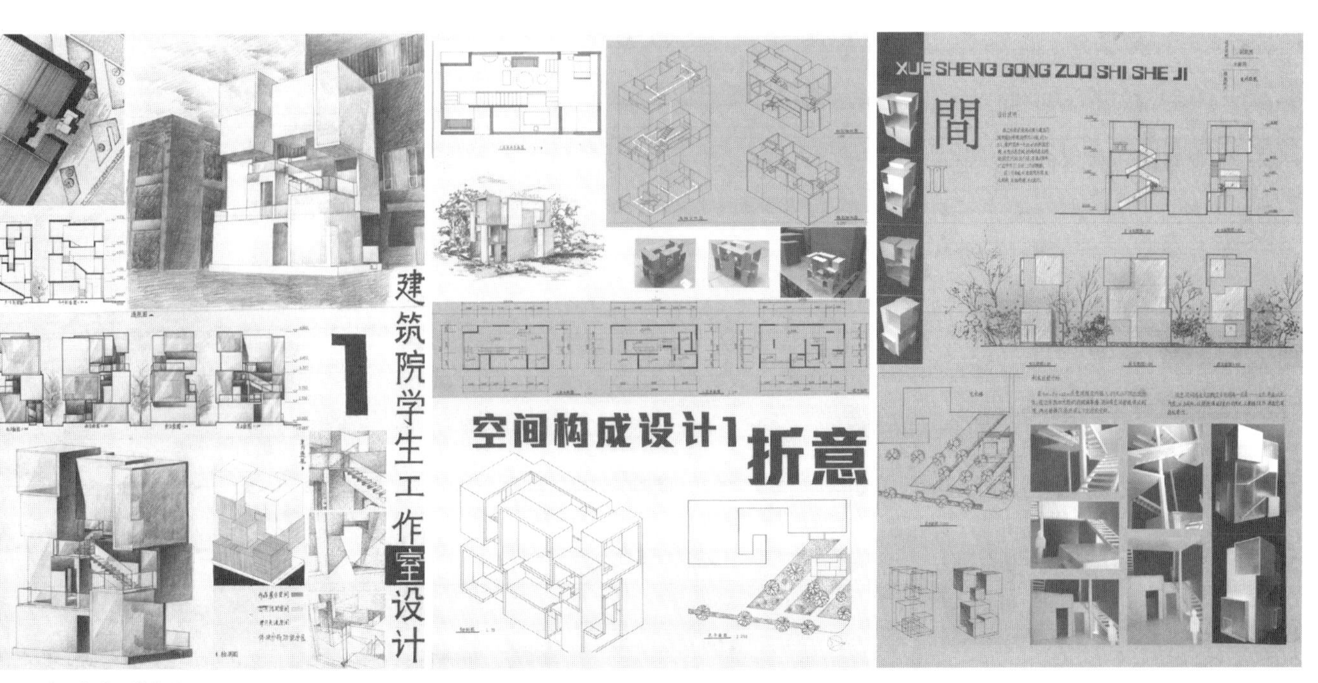

图 7　空间构成最终作业

空间构成主要内容和相关要求　　表 2

周次	第一次设计课（4 学时）	制图课环节（3 学时）	第二次设计课（4 学时）
第一周	讲课一：①空间构成（平面 + 空间）课程讲授（3 学时）；②作业一：空间构成草模，尺寸 A：20×20×20cm 或 15×22.5×30cm；③小组要求及安排（1 学时）	小组辅导：平面构成课堂练习；空间构成练习，熟悉模型材料及制作方法	小组辅导及组内评图： 提交草图草模； 组内评图，小组方案评价、修改、练习
第二周	讲课二：轴测图画法（2 学时）； 提交草图、草模，公开评图（2 学时）	小组辅导：草图、草模完善深化；空间构成练习，熟悉不同模型材料及制作方法	小组辅导：空间构成定案；以板片、体块构成为主；确定基本的空间构成规则和组合形式；鼓励有规则的折叠、曲面构成
第三周	讲课三：①空间构成建筑化，空间、造型、秩序的相关知识和建筑案例讲解；空间尺度、使用、流线讲课和要求（3 学时）； ②楼梯设计及图示表达（1 学时）； ③作业二：空间构成模型；徒手手绘外观轴测图和建筑平、立、剖草图（A4）；（占总分数权重 15%）；④提交空间构成作业	小组辅导： ①建筑化手绘草图； ②确定建筑所在环境中位置；鼓励创造性利用外部环境； ③确定内部主要空间利用，保证其尺度和联系合理性	小组辅导及组内评图： ①按照相关限定条件调整草图和草模； ②确定室内空间及家具布置； ③调整原有模型； ④确定室内外关系合理性，明确室内及室外空间的划分
第四周	讲课四（1.5 学时）：①建筑化的要点、方法和技巧讲解，综合利用草图、电脑建模和实体模型等设计媒介推敲和深化设计的方法；②平面、剖面及室内外关系问题和优化。 建筑化草模、草图公开评图（2.5 学时）： ①提交作业二，包括建筑化草模型或轴测图、总图、主要平面和剖面图草图（一草）； ②对空间使用方式、基本功能、交通和结构合理性问题的讲解	讲课五（1 学时）：SketchUp 建模主要方法、技巧和相关建模要求； 小组辅导（2 学时）：①二维图纸表达的正确性、规范性；②结合二维图纸、轴测图、实体模型深化设计；③利用 SketchUp 剖切工具来推敲总平面、平面、剖面关系的合理性	小组辅导： ①空间构成计算机制作；SketchUp 建模； ②修改模型（实体模型和 SketchUp 模型）； ③利用 SketchUp 剖切工具辅助绘制平面、立面、剖面图的方法和通常出现的问题
第五周	讲课六（1.5 学时）：人体工学与室内布置及室内空间设计； 作业三：SketchUp 模型，A3 图纸数张，包含平面 2 个，立面 1 个，剖面 1 个；放大平面室内布置（二草）；两个方向轴测，布置家具的剖轴测 2 个（打印）。（分数权重 20%）	小组辅导，设计及图纸优化；优化并完成最终模型； 建筑真实尺度限定在 8000×8000×8000 或 6000×9000×12000mm 长方体的范围内，按照 1：40 的比例制作建筑模型； 建筑环境限定在给定场地内，并限定在“9000 宽 ×12000 高 ×15000 长”的场地空间范围内	
第六周	讲课七（4 学时）：建筑设计表达及表现：①建筑工程图表达；②钢笔淡彩表现方法。 提交作业三并进行公开评图	小组辅导，设计及图纸优化；优化并完成最终模型	完成最终实体模型，完成 sketchUp 最终建模
第七周	图纸排图方法和注意事项讲解		
第八周	最终图纸绘制：小组辅导，优化并完成图纸绘制		
第九周	提交最终作业四（占总分数权重 65%），最终评图		

课程更注重以下五个方面：造型和空间生成的秩序和逻辑；在面对多种限定条件和复杂问题下对空间构成的掌控；合理运用多种设计媒介来启发、推敲、优化空间和造型设计；建立整体的空间设计思维及表达方式；合理的课程安排和教学保障。

第一，空间建构的构思来自于对不同要素类型的模型材料的操作，特定的操作方法产生特定的要素和空间组织形态[4]。具体就是，空间构成尽量采用一种主导性的规律、基本方法、基本形体和骨架来进行组织。

第二，通过引入简单环境限定和内部使用的限定，使学生将内部空间与外部造型、环境关系，空间构成与建筑尺度、人体工学、功能使用建立初步的联系，建立学生从空间造型能力转向建筑设计能力的桥梁。

第三，理解建筑设计程的“问题 – 反馈 – 修正”的特点，学习在面对以上综合、复杂建筑问题时，运用多重设计媒介和问题反馈的设计思维，结合手绘草图、模型和计算机建模来合理运用多种设计媒介来启发、推敲、深化空间和造型设计。一方面，让同学直面类似建筑设计的综合、复杂问题；另一方面，又通过一定的规则和条件，把问题的难度控制在初学者所及的范围。例如将使用功能、流线、环境要求，以及建筑结构和构造基本尺寸等设定为空间操作的具体条件，这样既可大大降低设计的难度又达到锻炼的目的。

第四，通过三维实体空间造型与二维平面、剖面图之间的相互转换，而不是局限于二维图纸上设计平面、立面、造型的传统路径，培养学生建立实体空间和图形表达的整体空间思维和表达能力。

第五，在新生对建筑设计基本不了解的条件下，制定一套实效性和操作性较强的教学方案对于难度较大的空间构成教学十分重要。首先，将建筑制图课完全融入空间教学，一方面在关键节点设置相应的知识讲授，包括草图、轴测图、工程图的绘制方法，人体工学与室内空间设计，基本建筑元素包括梁板柱楼梯设计的一般要求等。其次，通过系列的相关建筑设计案例和方法讲课，拓展同学对空间及造型设计的相关知识面。再次，通过多次的公开评图和小组评图，通过不同实例的对照和示范，使一些难以讲授的空间造型问题更易于学生理解。另外，在课题设置难度上具有一定的弹性和可选择性，保证教学可以对不同层次的学生都具有较好的效果。

最终，通过以上的教学改革和四年的教学实践，我们的一年级教学已经取得了显著的教学效果，使初步课与二年级设计课形成更好的衔接关系。但学生的空间造型和设计能力提高的同时，也存在部分学生过度依赖电脑绘图而手绘能力却不理想，尤其是通过草图来思考推敲建筑的能力也不佳的现象，这一方面是教学体系和教学方式调整的结果，另一方面也有赖于整个本科教学体系的整体改进。

注释：

[1] 顾大庆．中国的“鲍扎”建筑教育之历史沿革——移植、本土化和抵抗 [J]. 建筑师，2007，2 (216)：5–15.

[2] 张昕楠等．从技法训练到分析研究：以培养设计思维为导向的建筑设计初步教学探讨 [A]．2012 全国建筑教育学术研讨会论文集 [C]．北京：中国建筑工业出版社，2012：406–410.

[3] 李建红，陈静．“介入式”空间训练教学法初探：以西安建筑科技大学建筑设计 I 教学为例 [A]．2012 全国建筑教育学术研讨会论文集 [C]．北京：中国建筑工业出版社，2012：315–319

[4] 顾大庆．空间、建构与设计 [M]．北京：中国建筑工业出版社，2011：14，16.

参考文献：

[1] 顾大庆．中国建筑教育的遗产及 21 世纪的挑战 [J]．中国建筑教育，2008 (01)：21.

[2] 程大锦 (Francis.D.K.Ching) 著．建筑：形式、空间和秩序 [M]．刘从红译．天津：天津大学出版社，2008.

[3] 保罗·拉索著．图解思考：建筑表现技法 [M]．邱贤丰 等译．北京：中国建筑工业出版社，2002.

[4] 田学哲．形态构成解析 [M]．北京：中国建筑工业出版社，2005.

[5] 田学哲主编．建筑初步 [M]．北京：中国建筑工业出版社，1999.

图片来源：

图 1 ~图 6：作者自绘或自摄；

图 7：学生吴浩扫描；

表 1 ~表 2：作者自绘

作者：吴志宏，昆明理工大学建筑与城市规划学院　院长助理，研究生导师；高蕾，昆明理工大学建筑与城市规划学院　讲师

基于行为研究的建筑设计教学探索

——天津大学建筑学院二年级实验班教学实践

苑思楠　胡一可　郑婕

Exploring the Teaching Based on Behavior Research——Take The Design Studio of The Experimental Class in Tianjin University as an Example

■摘要：以《校园咖啡书吧》设计课题为例介绍天津大学建筑学专业二年级实验教学团队的教学改革思路，提出了基于场地中特征人群行为研究的过程化设计训练方法，以及以任务为导向的课程环节控制模式，以期在训练过程中通过调动学生的研究能力，强化设计思考与训练的深度。

■关键词：行为研究　关联处理　实验教学　设计过程　课程环节控制

Abstract: By the introduction of a designing studio for the second year students in the school of Architecture in Tianjin University, this paper argues that the design training should start with the thinking of the relationship between the architecture and the context, and attempts an education reform to organize the process design based on the behavior research. It also introduces a task oriented process organization aims to cultivate the students' ability to deepen design.

Key words: Behavior Research; Managing Relationships; Experimental Teaching; Design Process; Process Control

传统建筑教学以类型化训练为主导，即在五年制教学过程中，通过对不同功能类型建筑，从小到大、由简单到复杂进行训练，为学生逐步建立起一整套建筑设计知识体系。二年级教学正处于该体系中一个承上启下的阶段，旨在解决从一年级的空间概念认知到建筑设计操作之间的衔接问题。一直以来，二年级教学都强调学生在空间、功能与形态等方面的基本功训练。但是建筑除了需要满足功能要求外，同时还作为一种媒介联系了人、城市与自然环境等要素。因此，近年来国内一些建筑院校的教学观念由单纯重视内向性的功能训练向更加重视复杂的关联处理转变。天津大学建筑学院实验班二年级教学组在为学生建立建筑设计基本概念的同时，尝试将关联的概念以及从分析开始生成建筑的设计流程，在学生刚开始接触建筑设计时，便融入设计课教学。课题设置在一定程度上弱化建筑功能类型的差异，而强调对建筑与复杂因素之间关联的思考。本文以二年级教学中第一个设计教学题目——校园咖啡书吧——为例，介绍如何在教学中引导学生关注“人”这一设计中最基本的要素，对人群行为进行研究，寻找与建筑之间的关联，进而形成概念，并以逻辑生成的方式进行建筑设计。论文最后探讨了这一教学实践的特点及教学环节中所面临的问题。

1 课题设置

传统教学的设计程序一般是在虚拟的场地上根据抽象化的功能关系图解形成相应平面，再根据审美原则选择一套形式加于建筑之上。这种训练方式使设计容易产生两方面的脱节：一是建筑与场地之间的脱节，设计以范式化的功能图解为主导，平面与场地仅在图形关系上发生关联，同时使用者也被设定为符号化的人群（如艺术家、幼儿、学生等），因此建筑的功能组织与空间形式不可能同具体而丰富的场地信息以及真实的使用人群需求产生应对；另一方面则是形式与功能的脱节，基于范式的功能操作对空间形式的生成并不存在指导关系，因此形式仅仅是一种主观审美的取舍，放在哪里都可以成立[1]。

针对上述问题，实验班教学组坚持学生的设计训练必须从真实的场地环境出发，自主寻找场地中相关要素与建筑之间可能产生的关联机会。同时在设计命题方面，全年的设计训练分别针对人与建筑、自然环境与建筑以及城市与建筑三类关联进行有侧重的设置。其中，人与建筑的关联是建筑需要应对的最基本的问题，因此二年级第一个设计训练课题便从对人的行为的研究展开。在本课题中，学生可在天津大学或天津外国语大学的两块选定场地中自选一处，加建一个校园咖啡书吧。学生通过调研寻找在场地内真实存在的人群，对其行为的特征规律进行研究，并以此作为设计的起点进行功能的组织以及空间形式上的应对。咖啡书吧是当代大学生生活中较为熟悉的一类功能场所，而课题面向人群也为在校大学生——即设计者自身，这为学生展开深入研究并在设计过程中采用有针对性的策略提供了前提条件。

在教学组织形式上，实验教学组由 2 位指导教师以及 16 名学生组成；在设计的后期结构设计环节，教学组还聘请设计院结构工程师参与授课指导。教学流程中安排了中期与终期两次公开评图环节。公开评图中，评审小组由国内知名建筑师以及其他高校建筑学者、校内专家共同组成。前后两次公开评图，学生方案可以获得充分的评价和建议，而其设计过程中调整与优化也能够在最终评图中得到反馈，确保了设计的深度与连贯性[2]（图 1）。

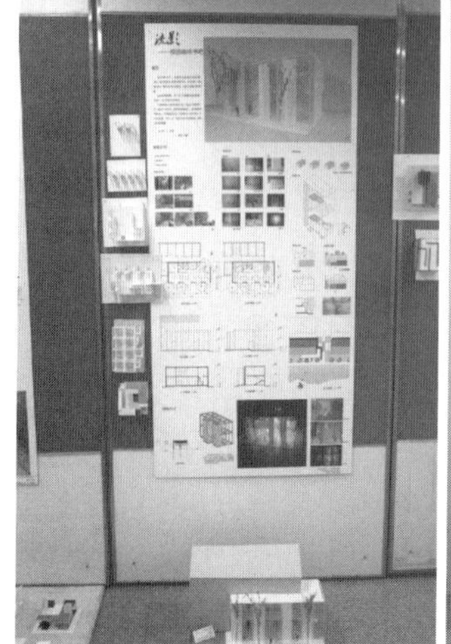

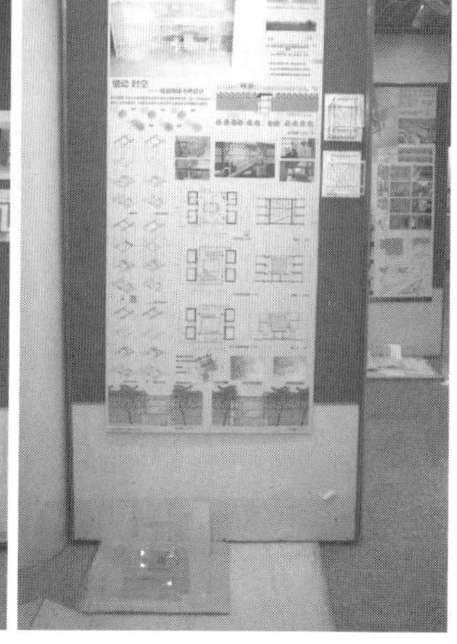

图 1 课程终期的公开评图与作业展

2 任务导向的课程环节设置

与传统教学中“一草”、“二草”这种以建筑平、立、剖面图纸深度为标准的环节控制模式不同，实验班教学组尝试在教学过程中采用任务为导向的环节控制模式。即将 8 周的设计流程划分为行为研究与概念生成、分区设计、空间营造、结构与表皮系统设计四个主要的任务单元。后一单元工作建立在前一单元成果基础之上。这种任务导向式的单元化环节设置，一方面可以使学生从单纯的以完成平、立、剖图纸为目标，转向对设计流程中诸多重要问题的关注；同时将设计任务进行递进式的单元拆分，可以确保学生自始至终保持高效工作状态。

2.1 行为研究、概念生成

在设计流程中，第一个任务单元学生需要完成的工作包括：行为研究——在基地中寻找关注点，发现现有人群的行为特性，并思考可能的对象人群及其行为方式，研究他们与场地中的环境因素（交通、植被、其他商业行为等）的关系；概念生成——根据场地及人群研究锁定目标人群，初步形成具有针对性的应对策略[3]（图 2）。

2.2 功能分区、动静分区与流线规划

根据前一单元所制定的设计策略，对目标人群的行为方式进行设定。在这一环节中，学生需

要针对行为与空间的关系展开研究，并在空间上对建筑的功能以及动静区域进行划分，建立空间流线。模型制作可以帮助学生以立体思维思考建筑内部运行的机制，以及不同人群之间发生行为关联的机会。这种训练方式避免了学生在概念深化的过程中过早受到平面思维的限制，最大限度地发掘方案的可能性。在本设计阶段结束后，学生将提交动静分区模型和交通流线模型（图 3）。

2.3 空间设计、体量处理与平面设计

学生从第三个任务单元开始，在前期行为研究结论及形成的空间策略基础上建立各自的功能方案。每个学生的设计对象不同，行为需求不同，因此功能及相应的空间关系也会不尽相同。传统咖啡吧标准化的功能配置以及气泡图解在这里不再适用。教学组希望学生将平面图作为设计的工具而非目的，用以引导建筑体量与内部空间的推敲。本阶段的教学难点在于如何使学生建立起平面图形同空间之间的对应关系，以及图形操作对于建筑内部空间的意义，因此平面设计需要同空间模型推敲同步进行。平面同空间、体量模型之间的互馈修改有利于学生快速理解平面的空间含义（图 4）。

2.4 结构、节点与表皮系统

第四个阶段，学生将主要解决建筑的内部结构同外部表皮系统两个方面的构造问题。

在内部系统方面，首先需要给学生建立起“建造”的概念：结构是建筑系统中重要的组成部分，同时也是进行空间营造的要素，而非脱离建筑设计而独立存在的技术分支。学生需要根据各自的空间概念，进行相应的结构选型，探讨结构要素在空间塑造中所起到的作用，并根据结构设计对平面进行深化调整与修改。

在外部系统方面，教学组使用“表皮设计”这一概念替代了传统的立面设计。基于二维图纸的建筑立面推敲，容易使学生陷于图案的操作，而难以从体量的角度思考建筑的外在属性。学生在进行表皮系统设计时，首先要思考表皮系统如何同方案的设计概念以及空间概念相结合，从而形成室内外空间的媒介。此外学生还需要建立表皮系统同结构系统的交接关系，使内外两个系统协调构成完整的建筑整体（图 5）。

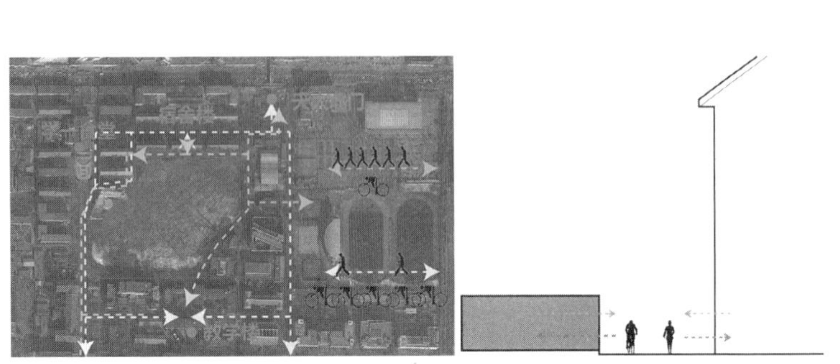

图 2　概念图解案例（该方案针对基地周边步行及自行车两种行为进行研究并建立概念）

图 3　动静分区模型与流线模型

图 4　方案体量模型推敲

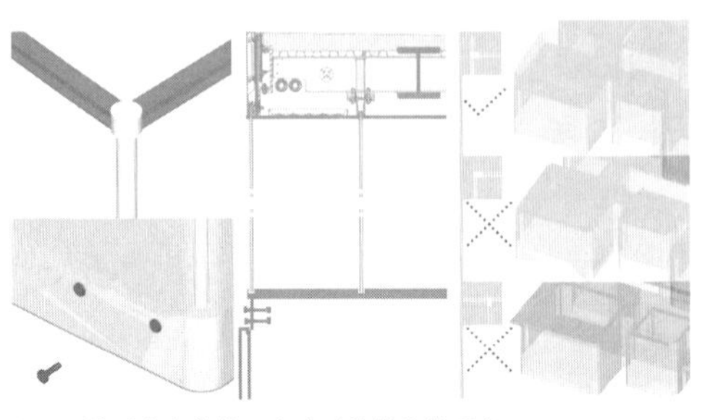

图 5　针对方案结构及表皮系统构造的研究

3　作业案例分析及教学过程中的关键节点

3.1　作业案例

1. 院落中的人与猫——两套系统之间的游戏

完成学生：李文爽

本案作者关注到场地细节：地面上的树枝给猫创造了停留的空间，猫的存在则吸引了学生前来观看和喂食。人、猫、树的互动关系打动了作者。

作者对猫和人所需的空间尺寸进行了详细的研究，并对猫的几种典型的行为模式进行了分析，结合人的行为，建立空间原型。设计通过图底反转的手法形成人、猫的空间系统，并利用空间的褶皱提供了二者的互动，内与外的转换是建筑的魅力所在。设计也很好地回应了场地中的问题：其一是利用正负空间的相互渗透，将人的活动引入场地之中，激活了原有场地消极冷落的负空间；其二是以透明玻璃作为表皮材料，从而保留院落体验。建筑表皮带有一种表情，虚实相生，形成多样的场景。白天，光与影参与建筑空间的营造；夜晚，整个建筑晶莹剔透，嵌在院落之中（图6）。

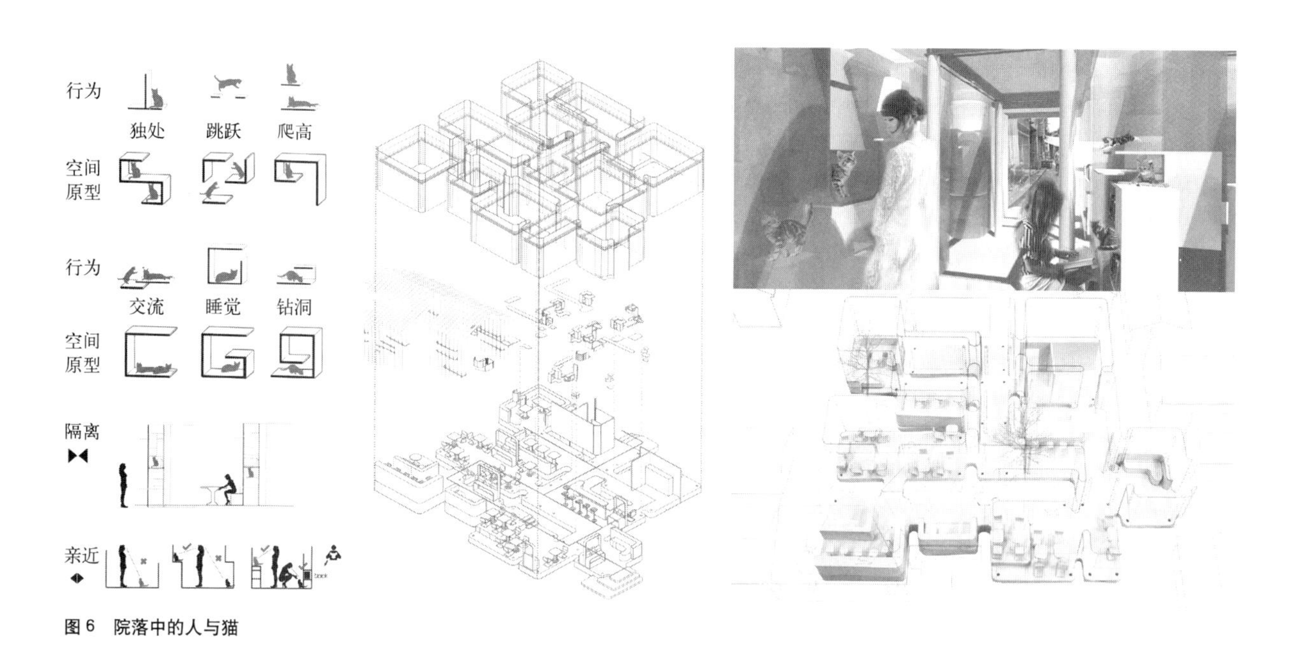

图6　院落中的人与猫

2. "宅"空间——公共空间中的私密空间

完成学生：谢美鱼

"宅"是当今大学生描述自身一种生活状态的流行词汇，"宅男"、"宅女"已经成为当下年轻人一种文化现象。作者调研中发现，校园里的学生每日生活从宿舍到教室再到食堂三点一线，没有安静的独处空间，也缺乏小团体私密的交流空间，即缺少"宅"的场所。

本案咖啡书吧通过对"宅"这种行为所需的空间形态与尺度进行研究，创造了一系列可供使用者"宅"的空间，每个空间都是一个独立的箱体结构。若干箱体通过错层的空间组织，创造出丰富的"宅空间"可能性。作者通过理性的组织形成明晰的三个"宅"序列，中间插入狭长庭院，使用者可内外穿梭，与庭院互动。界面在透明、半透明、不透明之间转换，营造出富有诗意的空间（图7）。

3. 书墙——概念、形体、空间、功能的整合

完成学生：赵怡

作者对场地道路不同时段人流量以及出行目进行了统计，确定了将两幢宿舍楼间区域的通过性需求作为概念的起始点，方案通过书墙强化"通过"的空间概念，两道贯通上下二层的书墙既是主要的空间要素，又集成了卫生间、楼梯等必要的功能要素，同时也作为主体支撑结构。两道书墙中间形成了建筑中最重要的视廊，进行视线引导，由此观景，也由此观

图 7 “宅”空间——公共空间中的私密空间

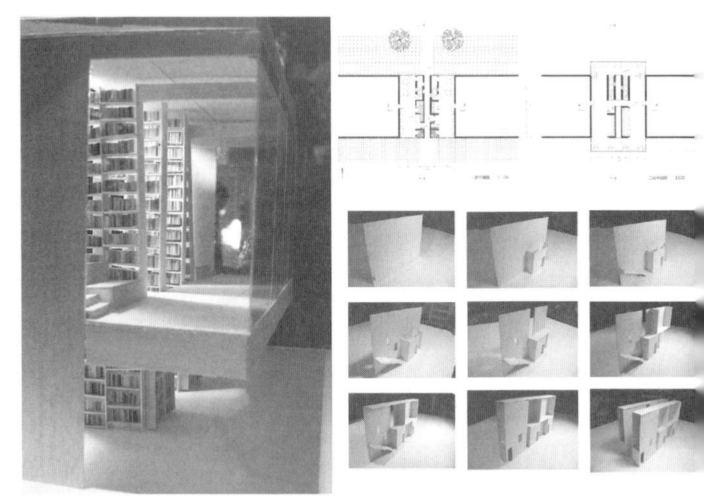

图 8 书墙——概念、形体、空间、功能的整合

人。通过型空间具有多变视点，向内可观虚实相生之建筑界面，向外可观湖之风景，向上可观人之风景。作者为强化“观景”的概念，建筑二层挑出，在规矩的建筑形体中，考虑了多变视点，通过景观点和观景点的合理设置对视线进行模拟，在客人便捷的流线之上增加了“景”的含义（图 8）。

3.2 设计过程中的关键节点

根据学生的教学情况，可以将设计方案推进过程总体划分为八个节点：

1. 行为研究与设计概念生成：确定方案的目标人群，制定针对使用者行为的整体性策略。

2. 空间原型：对行为的空间可能性进行原型化的图解探讨。

3. 功能分区、动静分区与空间流线：对方案进行总体分区设计以及流线设计，该步骤一般在平面设计前建立方案的总体空间结构。

4. 空间概念生成：根据选定人群的行为需求提出功能配置方案及空间形式的生成策略。

5. 体量：从场地出发，确定建筑对周边的态度，同时将空间概念同场地相结合。

6. 空间细节：将空间概念落实到平面设计上。

7. 结构设计：确定结构选型，并完成结构设计。

8. 表皮系统：确定表皮系统形态及做法。

根据对实验班 16 名学生设计环节进行情况统计（表 1）。由于每个人方案发展路径的不同，这些节点在方案过程中出现的顺序并不完全一致。例如有些学生较早就根据设计概念形成了空间概念，而另外一些同学则会在分区以及流线基础上建立总体空间概念。然而教学组在本次教学过程中发现，设计概念与空间概念的生成是所有环节中比重最大而同时也是最不易控的两个关键环节，直接影响了其他节点的发展进行，而这两个阶段又都与行为研究成果直接相关。因此在前期行为研究阶段，指导教师需进行相关研究方法的介绍，并引导同学对研究成果的设计导向进行预判，这对于整个设计的完成深度与质量具有重要的意义。

结语

天津大学建筑设计实验教学班所采用的课题为全新设置，但从教学成果来看，已经可以看到同传统教学方式的一些差异：首先，在低年级采用真实环境的设计训练题目并不会限制学生的想象力，相反从对真实人的行为研究出发，使学生在展开设计的时候首先能够有意识去关注人，锻炼对人的行为观察的敏锐度。而强调信息搜集与分析的设计过程训练使得方

实验班16名学生设计环节控制统计　表1

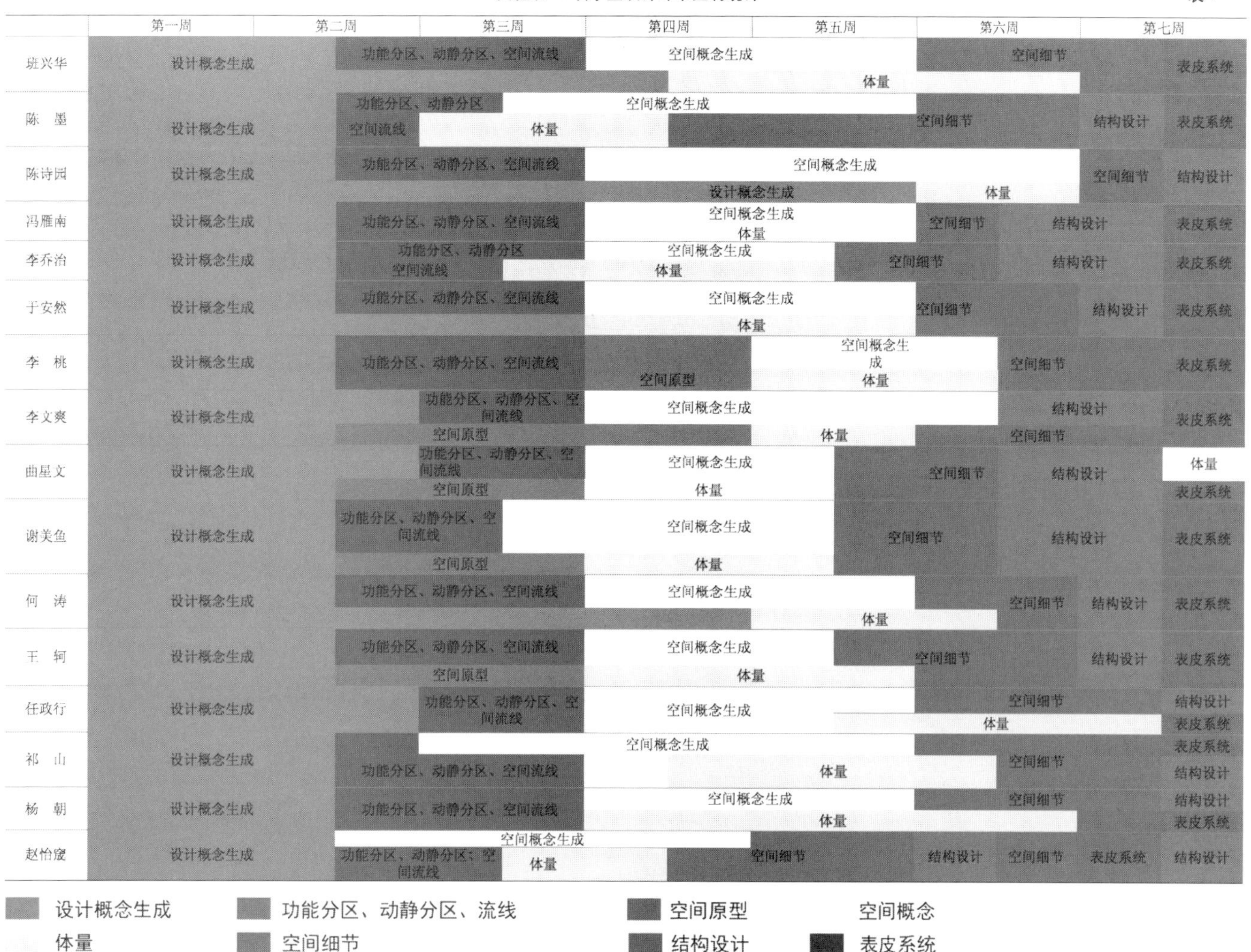

案体现出更好的思考深度，进而形成方案的差异性与独特性。由于每个人设计的初始关注点与策略不同，因此任意两个方案都不可能出现雷同的形式结果。其次，以任务为导向的单元化教学环节设置使学生方案从概念到结果能够一以贯之，尽可能避免了中途的颠覆性调整，有效保证了学生方案的设计完整度与深度。此外，强调过程模型的推敲与制作使得方案的推进更为连贯，可帮助学生理清建筑生成的逻辑系统。天津大学建筑实验班的教学探索还将继续，教学组致力于在设计教学中帮助学生建立起具有思考性和研究精神的设计观念，并为学生带来开放性的建筑设计态度。

（项目资助：高等学校学科创新引智计划资助，项目编号：B13011；国家自然科学基金项目，项目编号：51208346，51208347）

注释：

[1] 顾大庆．中国的“鲍扎”建筑教育之历史严格——移植、本土化和抵抗 [J]．建筑师，2007 (02)：97–107．

[2] 张颀，许蓁，赵建波．立足本体，务实创新：天津大学建筑设计教学体系改革的探索与实践 [J]．城市建筑，2011 (3)：22–23．

[3] 赵建波．天津大学建筑学院研究型设计教学的改革与实践 [J]．中国建筑教育，2009（总第2册）．

作者：苑思楠，天津大学建筑学院 讲师；胡一可，天津大学建筑学院 副教授；郑婕，天津大学建筑学院 博士研究生

“M.I.C.E”模式下的建筑综合实验体验课程教学研究与实践

李翔宇

The Discussion of the Comprehensive Experimental and Experience Teaching Architecture Course System Based on M.I.C.E Model

■摘要：“M.I.C.E”模式是近年来北京工业大学建规学院针对本科生实践环节教育改革提出的将建造实验嵌入到基础理论课中的教学实践。它以“建构思想”为核心，通过对建筑系一至四年级贯通式置入相应的实验体验环节，培养建筑系学生心手合一的能力，能够主动地建立实践环节与理论课程之间有机联系，激发学生通过“实体建造体验”提高自身的设计创新思维和创新技能，实现建筑学基础理论课程从“纸面”走向“营造”的转变。
■关键词：“M.I.C.E”模式　建筑教育　实验体验　建筑学
Abstract: M.I.C.E model is a teaching practice which was put forward by Beijing University of Technology in recent years. It is in close connection with the undergraduate practice education reform. Its core is construction thinking. By embedding through-type experimental experience section into the courses for grade one to four students, it helps students to combine thinking and practicing, and to build the organic connection between practicing section and theory courses on students' own initiative. Besides, it also contributes to improving students' innovative thinking and skills, and realizing the basic architectural theory courses' transition from books to constructions, by substantial construction experience it brings to students.
Key words: M.I.C.E Model; Architectural Education; Experimental Experience; Architecture

随着全球建筑设计领域呈现技术与人文并重倾向的背景下，中国建筑教育体制也正经历着培养模式的转型期。“M.I.C.E”模式是近年来北京工业大学建筑与城市规划学院针对本科生实践环节教育改革而提出的崭新的教学尝试。M.I.C.E，就是制作（Make）、模仿（Imitation）、建造（Construction）和体验（Experience）4个英文单词的缩写。它是以“建构思想”为核心，让学生以主动的、实践的、建立课程之间有机联系的方式学习。所谓“M.I.C.E”教学模式，就是基础理论课程与建造实验相结合的教学探索，用实验环节组织课程，本着培

英国谢菲尔德大学建筑系专业基础课程设置　　表 1

课程分类	第一学年	第二学年	第三学年	第四学年	第五学年
理论／研究课				建筑技术讨论课	技术设计论文
理论＋实验课	经典建筑案例 建筑技术入门	材料与技术更新 建筑结构	房屋建筑系统 建筑技术实践	建造程序形态、能源与环境 可持续城市设计	几何与建筑技艺 建筑设备体系
模型技术课	模型车间参观 模型制作基础	应用建筑设计	建造设计工坊	系统与构件连接技术工艺 环境模型与模拟	新技术与构造

养建筑系学生心手合一，实现从“纸面”走向“营造”教学宗旨，来激发学生通过“实体建造体验”提高自身的设计创新思维和创新技能。

一、基于“M.I.C.E”模式的建筑综合实验体验教学体系的建立

2011 年学院组织相关教师到英国谢菲尔德大学建筑系参观，感受最深的是他们的专业基础课经常以真实材料建造作为教学的基础。在模型制造室，学生们熟练地通过精良的工具锯刨木材、割焊金属，甚至浇筑混凝土。谢菲尔德大学建筑系就是将建筑综合实验体验系列课程贯穿五个学年，并与基础理论课紧密配合，关注材料和制作、大比例尺度模型及技术研究，处处体现制作与思考的互动。学生通过亲历亲为的建造活动启发思想和激发创造性，实验体验成为基础理论课的主角（表 1）。

在国内，多数院校建筑系的专业基础课未能摆脱传统功能主义教学的桎梏，从低年级到高年级，每学期 2 ～ 3 门专业基础课，教学过程都是遵循“统一合班授课，穿插测验辅导，期末考试评分”的程序。这一体系对于培养思想开放的、创新的、动态的建筑学学生已经不合时宜。目前国内清华大学、天津大学、华中科技大学等学校建筑学专业已开始进行建造实验体验模式尝试，但与国外比较而言，在课程设置上只是增加了专业基础课程中实验课的比重，但以理论讲课为主的课程仍占据相当大比例，而且各实验体验板块各自独立，游离于正规理论基础课程体系之外。北京工业大学建规学院近几年经过一线教师的不断摸索，总结出一套“M.I.C.E”教学模式，将建筑综合实验体验环节贯穿于一至四年级的基础理论课程中，并随着年级的升高逐渐增加实验环节的比重。一年级是制作（Make）阶段，即通过简单的实物制作，让学生熟悉模型制作工作流程，并引导学生从生活积累出发，如何将构思运用到模型实作中去。二年级是模仿（Imitation）阶段，即通过对建筑节点的大比例模型制作，让学生能够形象地理解建筑节点的构造做法。三年级是建造（Construction）阶段，即强调学生自主创新能力，通过主题化结构形式的选取，让学生发挥主观能动性，根据不同材质在实际工程中的受力特点，搭建能够经受一定荷载的建筑空间模型。四年级是体验（Experience）阶段，即提升学生的自我研究能力，通过调研、数据整理和体验，形成一套针对特定人群使用的空间尺度体系，并用体验报告完成一组建筑装置模型（图 1）。

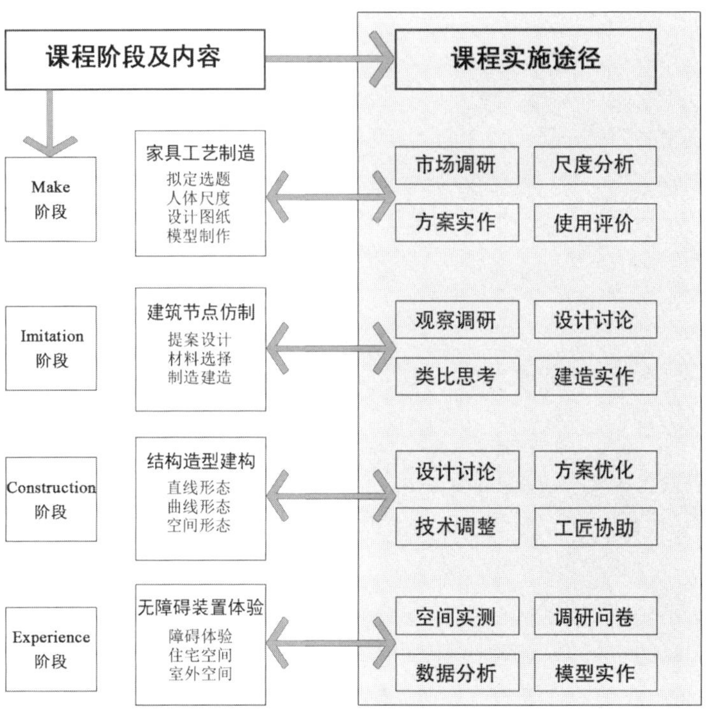

图 1　基于“M.I.C.E”模式的建筑综合实验体验教学体系框架简图

二、基于“M.I.C.E”模式的建筑综合实验体验教学体系的实施细则

建筑综合实验体验系列教学的根本目标是对基础理论知识的辅助理解和巩固加深，我们也将围绕与“M.I.C.E”模式紧密关联的四门主干课程来开展。

1. Make 阶段的家具工艺制造

（1）教学目的与基本要求

《家具工艺制造》属于建筑学一年级《建筑初步》课程的实践环节，主要强调学生自主动手能力的培养。通过该环节的体验学习，可以提升学生对人体尺度的感知；提供一年级学生构思、讨论、

设计、建造足尺家具设施的机会；让学生从解决问题的方法和设计的手段中体会到建造与创造的乐趣。家具设计与建筑设计密不可分，尤其对于建筑平面尺度的建立有着相当重要的提升。同时，能够拓展学生的设计维度，培养学生利用科学的方法解决实际问题的能力，了解构思、制图、材料、工艺技术等环节的逻辑关系，最后能够亲自完成从设计图纸到家具产品的转换过程。本实验体验环节为学生感知建筑空间的尺度关系做了良好的铺垫，并提供了学生熟悉手工制作的工序、各种材料的性能以及模型工作车间的使用等相关学习要点。

(2) 课程内容与学时分配

《家具工艺制造》是以“生活体验感知”为核心，课程设置五个学习阶段，共计 16 学时（表 2）。在课程的实施过程中，教师首先介绍家居设计的理念；其次，通过有目的的教学活动引导学生参与互动，发挥自我能动性完成模型制作之前的头脑风暴、调研报告、案例实测等环节；最后，在教师的辅导下完成图纸设计、优化模型材料，并运用模型车间的工具进行模型产品实作（图 2）。

《家具工艺制造》课程内容及学时分配表　　表 2

步骤	学习要点	教学内容	教学环节的学时分配				
			讲授	讨论	调研	实测	制作
1	讨论指南	家具设计理论：家居文化、审美批判、评价体系等	2				
2	拟定选题	实例与作品分析，引导学生选择可操作的家居装置			2		
3	图纸设计	根据设计思想，确定比例，绘制家具图纸				2	
4	模型制作	确定制作进度、模型材料、实物比例以及加工工艺					8
5	体验评价	模型展示、用户评价、讲评反馈		2			

图 2 《家具工艺制造》学生优秀作品展示

2. Imitation 阶段的建筑节点大样仿制

(1) 教学目的与基本要求

《建筑节点大样仿制》是结合建筑学二年级《建筑构造》课程的建造实验体验环节，该环节着眼于“learning by doing（做而学）”的教学目标，实现学生对建筑构造理论知识的巩固与实践。教师引导学生从材料、构造、营建行为等多元层面来思考与诠释建筑细节，并带领学生实地参观、讲解位于学院教学楼南侧的等比例建筑节点模型，观后以小组为单位完成“功能与材料的延展性分析”的调研报告。学生在动手实现建筑的节点模型之前，可以先通过 SketchUp 软件进行辅助建模，直观分析节点大样的各个细节和尺度，然后通过探索开发材料特性、构造逻辑和装配方法，并以其作为形式的发生器和创作灵感的源泉，最后在模型实验室通过制造技术完成人比例的建筑节点仿制模型。

(2) 课程内容与学时分配

《建筑节点大样仿制》的一个重要特征是始终以学生为认知的主体，教师则是学习过程的促进者，定期的讨论以保证师生平等的话语权，形成教学相长的积极气氛。课程设置了严谨、明确的五个设计环节，共24学时（表3）。学生以3～4人为一个小组，每个环节每个人都要有明确的分工和目标。倡导学生进行多元化类比思考后确定提案；鼓励学生充分利用模型工作室里的工具和设备，尽可能利用有限的时间和项目资金（图3）。

《建筑节点大样仿制》课程内容及学时分配表　　表3

步骤	学习要点	教学内容	教学环节的学时分配				
			讲授	讨论	调研	实测	制作
1	观察调研	以“观察—发现—解决方案”的方式进行实地调研，并完成“功能与材料的延展性分析”		2	2		
2	类比思考	每组学生必须完成2～3个在材质探索、细节做法和系统装配等环节的比较方案		4			
3	提案设计	利用SketchUp软件模仿建筑节点，建立建构思想					4
4	材料节点	根据确定的解决方向，对材料及其节点（加工制造、连接装配）进行选择		2		2	
5	制造建造	通过实体材料的工匠式建造和手工、机械加工体验，完善建筑物节点模型					8

图3 《建筑节点大样仿制》学生优秀作品展示

3．Construction阶段的建筑结构造型研究

(1) 教学目的与基本要求

《建筑结构造型研究》是通过对现存的建筑学三年级主干课《建筑结构选型》的辅助实践教学环节，希望实现以“建构”启动，从结构美学的视角激发学生的创造能力，建立学生对结构类型与建筑造型深度关联的认识。结构是建筑设计的原点、创意源泉和重要内容，建筑师更看重结构形式对于建筑造型的影响，而不是像结构工程师更看重结构的可靠性。所以结合《建筑结构选型》课程的《建筑结构造型研究》将压缩课程中结构计算课的比例，而加大了结构造型设计实践的环节，将学生对结构造型原理的认识拉回到他们的双手和双眼对材料、连接、表现的基本体验和把握中，强调从建造到设计、从做到学的工匠式的感悟和创造，有效提升教学效果。

(2) 课程内容与学时分配

《建筑结构造型研究》从教学方法上应当有一个从结构选型到结构造型的转变；在课程内容上通过实践验证各种结构类型的用途、限制、常用尺寸等规律。课程从结构造型原理出发，结合短课题和长课题相结合组织实验体验，共32学时（表4）。在短课题实践环节，遵循建筑美学和结构形态规律，动手完成直线、曲线结构类型的概念模型。最后的长课题训练要求学生综合运用各种结构手段，创造性发挥结构造型能力完成大跨度空间的模型，并推敲和体验大空间结构的细部节点（图4）。

《建筑结构造型研究》课程内容及学时分配表　　表 4

步骤	学习要点	教学内容	教学环节的学时分配				
			讲授	讨论	调研	实测	制作
1	结构造型原理	从造型艺术的角度认识建筑与结构逻辑的关系	2	2			
2	直线结构造型	框架、平面桁架、拉索等结构造型特征及案例解析，短课题——直线结构概念模型实作	2				4
3	曲线结构造型	悬索、拱、曲桁架等结构造型特征及案例解析，短课题——曲线结构概念模型实作	2				4
4	空间结构造型	网架、壳体、索膜结构等造型特征及案例解析，长课题——大跨结构精细模型实作	2		2		4
5	大跨模型实作	延续长课题训练，通过实体材料的选择和手工、机械加工体验，完善大跨结构模型					8

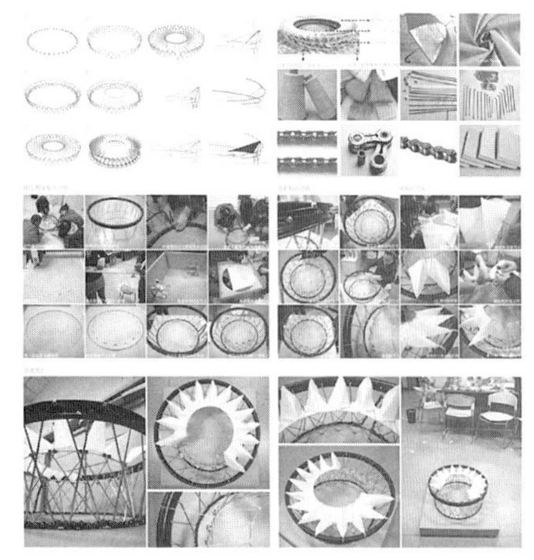

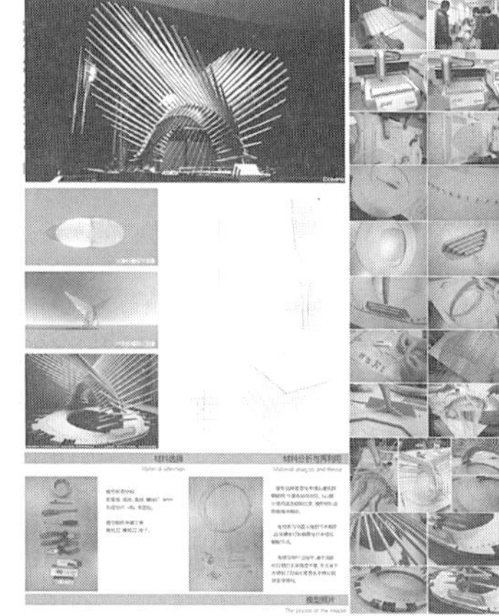

图 4 《建筑结构造型研究》学生优秀作品展示

4. Experience 阶段的无障碍体验与装置设计

（1）教学目的与基本要求

《无障碍体验与装置设计》是基于建筑学四年级《居住区设计原理》课程的实验体验环节，将“人文主义”主题纳入到设计中，关注残疾人、老年人等特殊群体对居住环境需求。本实验体验环节旨在培养建筑系高年级学生的综合设计能力，增强设计中的“人文素养”；让学生通过实际调研体会到：建筑设计要运用现代技术建设和环境更新，为广大特殊人群提供行动方便和安全空间，创造一个“平等参与”的环境。在实践环节当中，要求学生通过实验室设备的辅助体验，对特殊人群行为、意识、尺度与动作反应进行细致研究后完成《实验报告》，最后根据实验报告在操作层面上完成一个无障碍装置设计，致力于优化一切为人所用的物与环境的设计，为使用者提供最大可能的方便。

（2）课程内容与学时分配

《无障碍体验与装置设计》通过教师讲授、现场调研、实地测量以及实验室体验报告等环节，让学生在课程中切身体会特殊群体的生活状态；并深入分析人体尺寸与环境的关系，总结出特殊人群（残障人士、高龄人士）的人体尺度、行为模式、功能需求，将特殊群体的需求应用到整个无障碍装置设计当中。实验体验过程循序渐进共分为五个阶段，32 学时（表 5）。本次设计题目只限定设计对象的性质、造价及设计周期，具体的题目定位和任务书均由学生自己设定，但要求具备足够的逻辑性和说服力。在调研分析后，学生们最终确定设计题目并分组制作等比例实物模型（图 5）。

《无障碍体验与装置设计》课程内容及学时分配表　表5

步骤	学习要点	教学内容	教学环节的学时分配				
			讲授	讨论	调研	实测	制作
1	原理讲授	建筑无障碍设计基本原则和设计要求	4				
2	室内体验	住宅起居空间、厨房空间、卫生间无障碍环境研究			4	2	
3	室外体验	室外无障碍环境（校园、小区）研究及设计（人文楼、综合楼周围、居住小区休息空间）			4	2	
4	体验报告	完成《无障碍实验体验分析报告》		4			
5	装置设计	确定选题，依托体验报告数据，设计无障碍装置图纸，并完成等比例装置模型					12

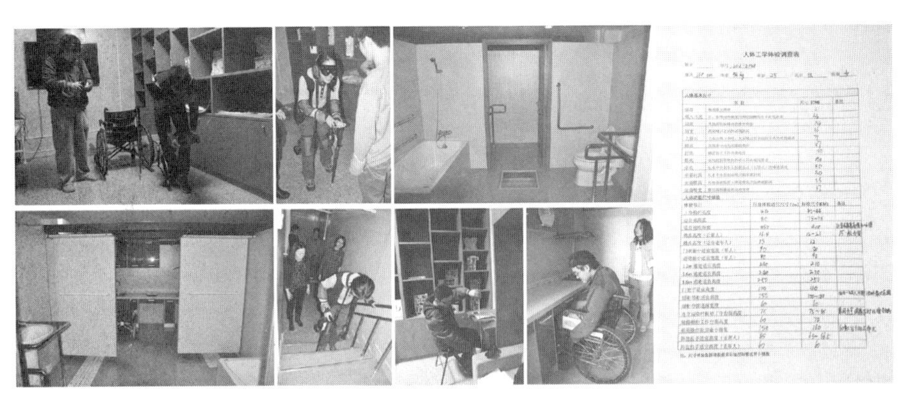

图5 《无障碍体验与装置设计》学生优秀作品展示

实践证明，我院基于“M.I.C.E”模式的建筑综合实验体验系列课程是一套行之有效的教学尝试，但尚属于起步阶段，许多新问题也随着教学探索的深入而不断出现，在开设方式、教学程序和实验体系建设方面都应该有更深入的思考和研究。中国的建筑教育体系已明确把培养“合格的职业建筑师”作为指导方向，国家对建筑院校的评估也以此为标准。那么，在建筑设计中结合实验教学也不仅仅局限在基础理论课方向，还可以在更广泛的建筑学课程建设中开展。在建筑学本科教育的不同阶段，有针对性地组织更多的课程结合实验，将学生从“图画建筑”中解放出来，不仅提升了学生对建筑学科的纵向认识深度以及自我审视能力，也对我国当前的建筑实践和建筑教育都具有积极的现实意义。

参考文献：

[1] 王环宇．力与美的建构——结构造型[M]．北京：中国建筑工业出版社，2005．

[2]（澳）J.G reenland．建筑科学基础[M]．夏云等译．陕西科技出版社．

[3] 王朝霞，孙雁．设计结合实验——结合建造的建筑设计教学探索[J]．新建筑，2010 (03)：118-121．

[4] 赵辰，韩冬青等．建构启动的设计教学[J]．建筑学报，2001 (05)：33-36．

[5] 仲德崑，屠苏南．新时期新发展——中国建筑教育的再思考[J]．建筑学报，2005 (12)：20-23．

作者：李翔宇，北京工业大学建筑与城市规划学院　博士，讲师

建构呈现的尺度与历时差异

——东南大学建筑学院研究生实验设计课程“竹构鸭寮”反思

姚远

Differentiation of Tectonic Presentation on Scale and Time: A Review of 2015 Experimental Design "Bamboo Duck Stable", a Post-graduate Teaching Studio at Southeast University

■摘要：本文是对东南大学建筑学院2015年研究生实验设计课程“竹构鸭寮”的回顾与反思。文章以参加教学的学生角度探讨设计方案在实地建造过程中，建构呈现的差异性及其产生的两个重要原因——尺度与历时。从模型到建造，材料尺度发生变化，身体之于对象的尺度产生改变，这些均影响了建构的呈现。同时，材料的时间性是课程设计中常常被忽略但实体建造必须面对的重要问题。材料因时间发生的变化再次作用于建构呈现，是对建构内在逻辑的校验。

■关键词：建构呈现　材料尺度　身体尺度　材料时间性

Abstract: This article is a review of 2015 experimental design, a post-graduate teaching studio at Southeast University. From a student's point of view, it discusses the differences of tectonic presentation from design to real construction and the reasons behind-scale and time. From models to construction, the changes in scale of materials and the altering scale of body referring to the object, as a whole, influence the tectonic presentation of the building. Moreover, the diachrony of material is usually ignored during design, whereas has to be confronted in real construction. The alteration of materials in the course of time will again affect tectonic presentation and test the inner logic as well.

Key words: Tectonic Presentation; Scale of material; Scale of body; Diachrony of material

建构将建筑学的关注从风格、比例和样式转移到更为本质的材料、结构和建造。建构呈现的是建筑师对材料、结构、建造等问题认识思考后的再表达。东南大学建筑学院2015年研究生实验设计课程“竹构鸭寮”是一次以建构为主题的设计教学。学生需要研究天然竹材的建构特性，以其作为材料设计稻田鸭棚，并最终实地建造，呈现竹建筑特有的建构美学。

实验设计课程大致分为现场调研、案头研究、在校设计和稻田建造四个阶段（图1）。尽管建筑媒体的发达为学生提供了大量文本研习的可能，但文本剥离了尺度认知和身体感受，而实地建造的过程让学生直面因尺度介入而产生的材料、建造等各种问题，并做出相应的判断与调整。同时，真实的建筑还要经历季节、气候的历时性考验，材料的时间性得以显现。因此，尺度与历时是方案设计与实地建造的重要差异之所在，也促成笔者对“竹构鸭寮”课程的回顾与反思。

1　课程概述

太阳公社位于浙江临安市太阳镇双庙村。公社的目标是回归自然的耕作方式，发展可持续的农业生产。这里的农田不用农药，不施化肥，“稻鸭共养”是当地采用的一种传统农作方式。稻田里的役鸭白天捕食害虫，晚上需要有庇身之所，为这些鸭子搭建“鸭寮”成为本次课程的设计内容（图 2）。

课程教学的另一个契机来自对竹材与竹构的建构思考[1]。临安盛产竹，竹材是一种天然速生的建筑材料，同时竹林需要定期砍伐以保持自身的生态稳定。太阳公社位于山谷腹地，周围竹林成片。中国美术学院副教授陈浩如老师运用竹材，和村民共同建造猪圈、鸡舍和茶亭（图 3），既充分利用了当地资源，也回应了太阳公社可持续的发展模式。因此，以竹材搭建成为学生建造鸭寮的主要方式。

课程由东南大学建筑学院张彤教授主持，焦键老师参与教学指导，陈浩如副教授作为客座导师。32 名研究生参与课程，被分为十组，对应公社的十组农户。学生依据农户的需求，通过场地调研和在校设计，最终用竹材完成了 22 个鸭寮作品。课程从 2014 年 12 月第一次实地考察到 2015 年 5 月在地建造，前后历经六个月（图 4 ～图 6）。

笔者参与了课程的全过程，并在课程结束的两个月后进行了回访。如开篇所说，从设计到建造，材料自身以及结构与身体的关联存在着尺度上的差异；而在建造完成之后，建筑会随时间发生变化。这些差异与变化都会反映在作品的建构呈现上。

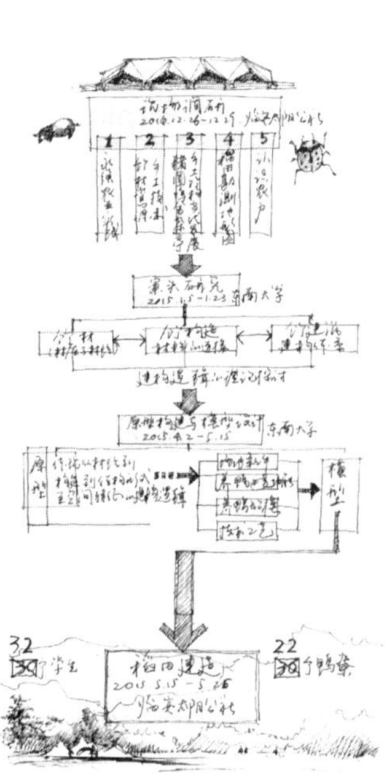

图 1　课程教学框架

图 2　稻田边原先村民自建的鸭寮

图 3　陈浩如老师设计的竹构茶亭

图 4　实地考察——测绘场地

图 5　在校设计——课程研讨

图 6　在地建造——搭建鸭寮

2 尺度

2.1 材料的尺度

建构理论的着眼点之一是材料的结构逻辑。建筑师对于材料材性的认知和利用，使他们区别于一般的匠人。因此，对竹材材性的研究成为课程的起始点。课程研习中，学生对材性的认知主要概括为两点：可弯和可编。从结构性能的角度看，相比于木材，竹材具有突出的抗弯性能，在外力作用下可以发生明显的弯折而不屈服。"弯"反映了竹材受力的特点。因此，以竹拱为结构原型成为很多组的一个出发点。从材料处理方式的角度看，原竹可以加工成竹篾，进行编织，这是其他材料不具备的特性。"编织"成为教学的另一个着重点。学生对材性的研究以手工模型制作的方式展开，但是模型和真实之间存在着尺度差异，这种差异会影响对材料的结构性能认知和处理方式。

材料的结构性能会因尺度的变化而改变，因此利用非足尺比例的模型研究竹材的"弯"就会存在偏差。例如，做模型的细竹条容易弯折形成竹拱，但在实际建造中，材料尺度加大，竹材壁厚增加使得手工弯折不易。笔者在建造过程中为了达到最初设计效果，在原竹上刻了一些槽口，为弯而弯，并绑上了胶带防止竹劈裂（图 7）。设计从结构特性出发，却使用了不利于结构的做法，其原因是在结构认知过程中，缺乏对尺度的考量。

又例如有些小组利用竹片组成竹拱。在模型中，一根竹片就足以形成一个稳定的弯拱。但当尺度接近真实比例时，会发现单根竹片的强度有限，整体很不稳定。课程中，第五组的同学以 1 ：2 的模型进行试验，为克服竹片强度的不足，在两竹片间加入竹筒，并用螺栓连接，从而提高竹拱的整体强度（图 8，图 9）。这样的节点是在设计中加入了尺度认识而得到的成果。仅通过小比例模型，虽使用真实材料，也难以"设计"出来。

材料被加工成为构件，同样受尺度的制约。对于编织而言，当对象分别为器物和建筑时，构件（竹篾）与对象的相对尺度关系是不同的。两米长的竹篾与两尺高的竹篮在尺度上是相适应的（图 10）。当对象的尺度从竹篮扩大到鸭寮时，竹篾相对鸭寮就是一个小规格构件。小构件间的连接产生了"接头"的问题，从而无法达到竹篮的连续肌理。在笔者制作的模型上，竹篾绵延地覆盖整个结构表面，肌理是不间断的（图 11）。但在实际建造中，鸭寮尺度大于竹篾加工的长度，表皮的肌理被打断，形成了构件相互层叠的效果（图 12）。构件相对于对象的尺度变化导致了建筑细部层面的形式差异。

图 7　通过对原竹的开槽和电胶带的固定达到弯曲的形态

图 8　第五组学生制作 1 ：2 的模型试验材料强度

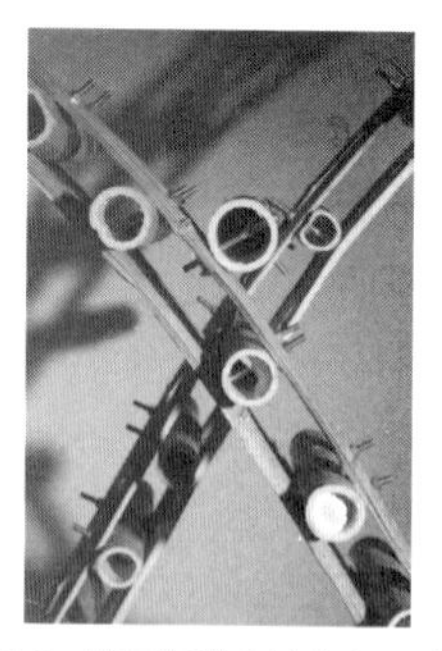

图 9　第五组学生的节点设计

图 10　竹篾和竹篮之间尺度的适应关系

图 11　模型中竹篾连续不断的肌理

图 12　通过搭压的方式完成短构件的交接，影响延续感

图 13　乱编的肌理隐匿了接头

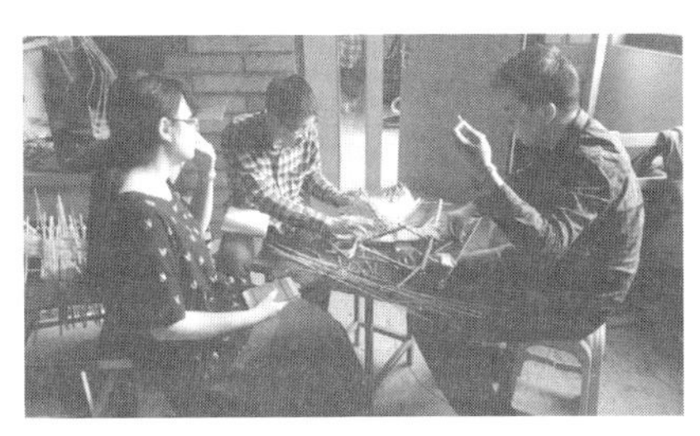

图 14　笔者和小组成员杨浩腾、闫楠制作模型

图 15　实际建造中身体与对象的尺度关系让编织变得很吃力

如果在编织中回避不了"接头"，那一种更为积极的思路也许是将其隐匿在编织的肌理中。第三组对鸭寮采用"乱编"的方式，其出发点虽然不来源于对构件尺度差异的认知，但是却很好地解决了这个问题。最终乱编的形式反映了使用小规格构件完成大尺度空间的建造过程。"接头"与其说隐匿在乱编的肌理中，不如说自成一种特殊的肌理（图 13）。

2.2　建造中的身体尺度

设计伊始，笔者看到陈浩如老师一系列竹构作品时就心存一个疑问：为什么他没有"弯"竹子，"编"竹篾。陈老师的答案很简单，因为这么建造最容易。

肯尼斯·弗兰姆普敦在《建构文化研究》中定义建构为"诗意的建造"。建构一方面是对结构逻辑的表达，另一方面也在叙述着建造的故事，反应建造技术水平。一些学生采用"编织"的方式除了是出于材料结构性能的考虑，还可能是因为最终的肌理具有一种建造的可读性。王丹丹在《模糊的清晰——建构的悖论》一文中写到"如果将建筑师的构思过程考虑在内，就会发现：不是建造决定形式，而是具有建造表现力的形式决定建造。"[2] 这一观点或许可以成为理解陈浩如老师的实践和课程设计的鸭寮两者最终在形式上存有差异的一个原因。猪圈的简单几何直线形式是基于实际建造水平，而学生们选择"编织"建造，则来源于他们"编织的形式最能够反应竹材组织过程"的认知。这种认知大多来源于日常的竹编器物。但从器物到鸭寮，身体与对象的尺度关系发生了变化。

编织通常指向一种手工的制造，在乡村的编织作业，更是完全依靠手工。手、身体与物体之间的尺度关系是对编织行为的一个重要认知。对于器物而言，制作者坐在椅凳上，手拿竹篾，器物便可以在手中旋转着逐渐完成。同样制作鸭寮模型时，双手可以轻松地完成编织工作（图 14）。而真实建造时，实际鸭寮的体量超过了双手所能触及的范围，编织的过程变得困难。而猪圈、鸡舍的体量更是远大于一个人的尺度，不选择编织的建造方式也就可以理解了。

身体的尺度不仅仅以对象为参照，同时也以用于编织的材料为参考。前文提到受制于竹篾的加工尺度，实际建造中无法进行不间断地编织。设想，如果可以加工出足够长的竹篾，满足连续编织的要求，那建造者也许要将竹篾像电线圈一般盘在腰间进行工作，其双手也必须花费更大的努力来克服因手与长竹篾间巨大尺度差异而带来的困难。

简而言之，当我们从器物的身上借鉴其形式与建造方式时，需要注意建造中身体与对象尺度关系的差异，对建造做出优化调整（图 15）。

3　材料的时间性

"尼古拉斯·佩夫斯纳重新回顾了 1959 年举办的柯布西耶早期别墅巡回展后，便感到万分沮丧。因为仅仅过了 30 年……（萨伏伊别墅的）混凝土结构和当初设计的白色墙面都已破败不堪……"[3] 对于使用自然材料的乡村建造来说，从光鲜到破败可能都要不了 3 个月的时间。在鸭寮建造完成的两个月后，笔者和几位同学进行了回访。太阳公社经历了几场大雨，鸭寮完全褪去了青色。原来青皮的竹篾变为黄色，表面掺杂着黑色的斑点，而起初金黄的竹篾完全变成了褐色，自然材料的时间性逐渐显现。

图 16　太阳公社里的老民居

图 17　时间之于建构的表达——清晰化

图 18　时间之于建构的表达——产生干扰

在太阳公社，除了陈浩如老师的竹构作品，最吸引学生的房子是那些褪去粉饰，暴露内在结构的老房子——卵石、砖、生土、木屋架——最真实的建构在时间的作用下没有半点虚假(图 16)。鸭寮也要经受时间的考验。例如第三组乱编的“蚕茧”刚建成时整体呈金黄色。而如今，主体结构的竹片依旧泛着淡黄，乱编的竹篾却变为了褐色。如果原先使用相近的颜色是建筑师希望两个结构系统混沌呈现的话，那么短短两个月的时间便将这种暧昧关系抹得一干二净，让真实的建构逻辑变得清晰易读（图 17）。然而笔者在建造过程中，选择青皮和黄皮两种竹篾编织围护结构，颜色差异在完工初期并不明显，但在回访之时却十分突出（图 18）。这种差异既破坏了绵延不断的设计效果，也给观者对作品的建构阅读制造了障碍。

城市中的建筑常常利用各种工业产品以期获得永恒耐久；而乡土建筑往往利用的是原生材料，因而在设计中需要考虑容纳材料和结构因时间而产生的变化，从而使其建构呈现因记录时间印迹变得更为真实和质朴。

4　总结

建构作为一种抵抗过于以样式、风格为首要准则的理念，通常被认为是对结构逻辑和建造过程的诗意表达与再现。让建构落地，需要对材料材性和建造过程有清楚而深入的认知。从草图转变为模型，继而落实到真实的场地建造中，材料变得具体，施工条件成为制约。而尺度是材料、建造背后的重要影响因素之一，它让设计得以落地。在作品完成之后，时间则在更长的维度中对其进行检验。尺度与历时使我们了解了建造过程之中与其后各种差异的来源，也帮助我们再度理解建构如何得以真实呈现。

图片来源：

图 1：张彤教授提供
图 2、图 3：作者自摄
图 4 ~图 6：张彤教授提供
图 7：作者自摄
图 8：郭一鸣摄影
图 9：张彤教授提供（第五组设计成员：郭一鸣、于长江、张军军）
图 10：来源于网络
图 11、图 12：作者自摄
图 13：郑星摄影（第三组设计成员：仲文洲、马丹红、郑星）
图 14、图 15：张彤教授提供
图 16 ~图 18：作者自摄或整理

注释：

[1] 张彤，陈浩如，焦键．竹构鸭寮：稻鸭共养的建构诠释——东南大学研究生 2015“实验设计”教学记录 [J]．建筑学报，2015 (8)
[2] 王丹丹．模糊的清晰——建构的悖论 [C]．丁沃沃，胡恒．建筑文化研究（第一辑）．北京：中央编译出版社，2009：288–297
[3] （英）理查德・韦斯顿．材料、形式和建筑 [M]．范肃宁，陈佳良译．中国水利水电出版社，知识产权出版社，2005.

姚远：东南大学建筑学院硕士　研究生

东京工业大学木建构教学考察

——基于材料建构的建筑设计思维研究

辛塞波

Wooden Construction Education study in Tokyo Institute of Technology: the architectural design thinking research based on Materials Construction

■摘要：笔者于 2014 年 9 月赴日本东京工业大学建筑科进行木建构教学考察。课程中，教师引导学生从建筑材料、建筑构造、建筑结构、建筑施工等角度进行分析研究，并最终通过分组模型制作的作业以及解读报告的形式作为阶段成果。木建构教学是东京工业大学建筑教学理念的更为本质的体现：从空间实践出发，关注传统材料，掌握建筑核心知识和技能，将社会实践与现实问题接轨，同时，在这个过程中吸收设计理论和其他学科的思想和方法。

■关键词：东京工业大学　木材　建构　建筑设计

Abstract: I studied the teaching of wooden construction in architecture department of Tokyo Institute of Technology in September 2014. In the curriculum, teachers guide students to analyze and study from building materials, building construction etc, and carry out the stage results by grouping modeling jobs and interpret the report ultimately.The teaching of wooden construction is the intrinsical reflection of the building teaching idea in Tokyo Institute of Technology: Starting from the space practice, paying attention to traditional materials, mastering building the core knowledge and skills, contacting the social practice with real problem, and absorbing the idea and way of design theory and other disciplines in the process.

Key words: Tokyo Institute of Technology; Wood; Construction; Architectural Design

笔者于 2014 年 9 月赴日本东京工业大学建筑科进行木建构教学考察。课程中，教师引导学生从建筑材料、建筑构造、建筑结构、建筑施工等角度进行分析研究，并最终通过分组模型制作的作业以及解读报告的形式作为阶段成果。

1 东工大建筑科简介

东京工业大学（日文名：とうこうだい；英文名：Tokyo Institute of Technology）是日本理工类的最高学府，日本国立大学，简称为 Tokyo Tech。其前身最早是根据德国人

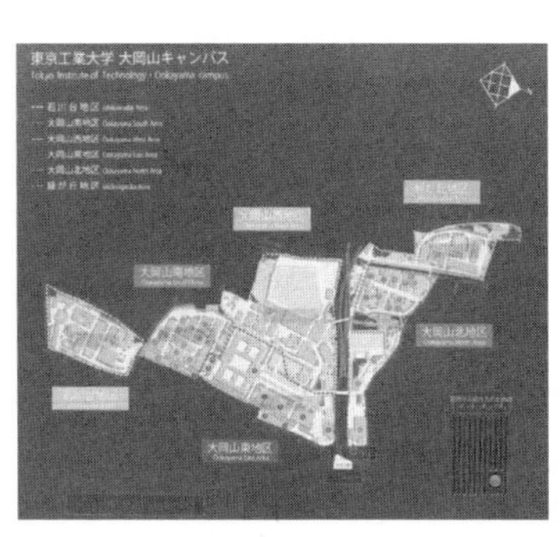

图 1　东京工业大学校园平面图

图 2　筱原一男设计的东京工业大学百年纪念馆

a）建筑科大楼入口

b）建筑科教室

图 3　东京工业大学

Gottfried Wagener 的提议于 1874 年（明治 7 年）设立在东京开成学校的“制作学教场”。1881 年改名为东京职工学校，到了 1890 年改称东京工业学校。1901 年改为东京高等工业专科学校，1929 年正式更名为现名东京工业大学。东京工业大学建筑学科设立于 1907 年 12 月，是日本最早的两所大学建筑学科之一（图 1）。

东工大建筑学科设立之初是作为对于视“建筑为艺术”的东京大学建筑学科的技术补充，沿用了当时英国技术流的教学体系。自关东大地震之后建筑学科的教学体系完全转变为德语圈系技术流，同时奠定了东工大以“技术为本”的基本格局。早期东工大建筑学科的意匠（设计）方面并没有太大的影响，主要以建筑史论的研究为主。从 1920 年代末的谷口吉郎开始，东工大建筑学科的意匠开始起步，并迅速成为日本现代建筑史舞台中心之一并影响至今。“认知建筑”与“建筑乃思考与技术的综合”的本源性探求从当年的谷口吉郎直到现在的 80 多年间，一直都被当作东工大建筑学科教研与培养的宗旨。五十岚太郎认为东工大建筑学科一直以来以其严密的“构成论”以及对建筑构成研究的追求，是“东工大学派”能够设计出令人感动作品的关键。

筱原一男（Kazuo Shinohara）先生在 1953 年从东京工业大学毕业后，就在他的母校开始了教学生涯。在进行教学工作的同时，筱原一男开始了他的住宅设计实践，探索日本的传统建筑的创新。筱原一男是当时最受人关注的住宅建筑家，他试图把日本传统空间的原型通过抽象的手法融入现代建筑中去。他对日本传统建筑空间的研究，实践在他 20 世纪 60 ~ 70 年代间建造的住宅上，如久我山住宅（House in Kugayama，1954）和白屋（House in White，1966）。“东京工业大学百年纪念馆”（1986）是 原建筑生涯的一个重要的里程碑（图 2）。坂本一成（Sakamoto Kazunari）先生 1966 年于东京工业大学建筑学科毕业，之后以教授、建筑师的身份从事建筑设计与理论研究（图 3）。坂本一成是一位对当代日本建筑界具有很大影响的建筑教育家，以其开放理论体系和严谨的建筑认知被认为是“东工大学派”的领袖（日本的建筑学派）。从材料上来看，坂本一成早期的建筑作品以混凝土居多，而后期就很少使用混凝土，而多采用木材，这种材料变化也是随着“型”的变化而发展的。此外，冢本由晴[1]、迫庆一郎[2]等著名建筑师都出自东工大建筑科，并在其中任教。

2　东工大建筑科木构教学

现代建筑向更加生态化、低耗能方向的转变，使木材重新成为现今最重要的建筑材料之一。木建筑在日本的发展源远流长，而这一传统也在东工大设计教学中体现出来（图 4）。在课堂上，藤原教授通过与其研究有关的“木材建筑”探索的讲座引导学生对木材和竹子等轻质材料的使用进行思考。首先是建立对木材的认识，这主要是指对材质的物理与化学性能，尤其是木材的纤维性质而导致的材料单向受力的力学性能，以及木材在加工和处理上与工具之间所发生的特殊性质。而今村教授则结合自己在材料领域的研究，向学生介绍最新轻质材料及其应用。另一位任课教师为山田秀明先生，他的研究领域主要涉及材料和表现，擅长通过大比例模型来合并建造及实验的过程。他的实践涉及中小型建筑实验性结构以及概念家具

图 4 “植物的建筑”课程设计海报

图 5 隈研吾设计的“微热山丘（Sunny Hills）”餐厅

图 6 1 ：1 节点大样制作

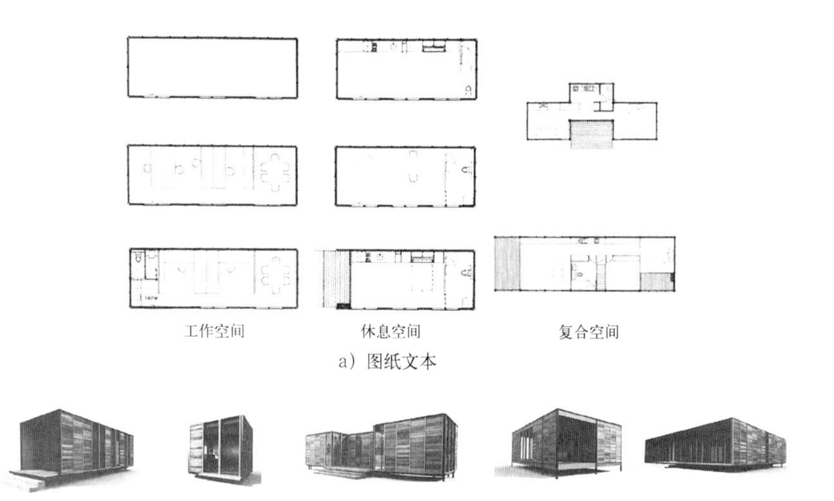

a）图纸文本

b）SketchUp 模型

图 7 初步设计

设计。同时，助教组织学生对木结构建造方法之一的位于南青山住宅区的“微热山丘（Sunny Hills）餐厅”的核心构造、结构技术以及施工过程展开讨论和学习，这是隈研吾老师刚刚完成的实验建筑作品（图 5）。在课堂讨论中，笔者也对国内的木材建构作品进行了介绍，包括李晓东老师的玉湖完小、桥上书屋，王路老师的湖南耒阳浙商希望小学，华黎的腾冲造纸博物馆，赵扬的尼洋河游客中心等。此外，教学 Studio 还组织了一次预制建筑工厂调研的活动，现场学习预制建筑的建造技术和过程。通过这一系列的课程安排，学生掌握了现有预制建筑建造的基本流程，并了解其与一般建筑的不同点。

Studio 学生分成 3 组，分头制作 1 ：10 的整体模型和 1 ：1 的节点大样模型。在制作正式模型之前，学生首先制作了小比例的草模，和教师讨论正模制作的细节和方法；随后学生通过电脑建模，向教师展示制作步骤、建造方法及构造方式等计划，并提交模型材料预算，经过讨论确定实施方案；最后学生通过分工合作完成模型。大比例的模型制作尤其是 1 ：1 节点大样的制作，让学生对方案设计的构造、结构及材料乃至隈老师的设计理念有了全面认识（图 6）。而将制作预算与材料采购组合模型制作的安排，让学生意识到不能只从空间方案的角度来理解设计，同时需要考虑使用材料的重要性、结构模数对材料利用的重要性、结构连接方式的重要性、大量采购和少量采购的价格区别、建筑中各部分构建的价格等内容，在这里是必要且重要的思考路径。

2.1 初步设计

模型作业结束后，师生进行小结和讨论，藤原先生根据学生在模型制作分组时的选择和表现，逐个启发每个人以各自的兴趣方向作为设计切入点。至此，学生从设计准备阶段很自然地进入了初步设计阶段。在解读初步设计任务书的同时，藤原先生向学生提出了两点要求：首先是该设计不强调特定的基地，因为在这个设计中基地的条件不一定会对设计有帮助；再是希望学生不要因为造价问题而忽视建筑本身的空间品质。同时，设计任务书并不明确建筑内部功能分布和房间面积要求，这就要求学生在理解日本文化的前提下来设计适应多种情况的方案（图 7）。

设计过程中，藤原先生要求学生一边计算思考一边将文字和数字转换成实物。实际上，这个条件只是给学生建立起造价和实体空间关系的概念，希望学生能够建立起在限制条件下进行创造的意识，而不是对设计的束缚。设计的基本要求体现在以下几点：以木材、竹子和橡胶作为基本建筑材料；以最小占地面积为目标的垂直设计；以最小单元重复组合；以脚手架系统为基础；以可变家具为室内空间划分；以多用途连接构造方式为核心；以集装空间划分和组合为核心；以结构最低造价为目标；以废弃材料利用为基础等。随后，经过一周方案推进进入中期汇报阶段，Studio 邀请多名专家、学者作为评委参与这一活动。在初步设计阶段两周的时间里，学生的设计在中期评图这一重要节点的促进下进入加速状态（图 8）。

2.2 方案整合

经过中期评图检验，学生从评委那里获得了很多信息。为了及时帮助学生总结问题发现不足，后继课程围绕初步设计的回顾展开。通过逐一点评，任课教师将自己对评委评语的解读传达给了学生。与此同时，基于部分学生设计的优点与不足同样明显，导致前景并不明朗的问题，任课教师要求学生考虑将设计两两整合的可能性。

经过一周的思考，在任课教师的帮助下，设计方案最终明确了下一步深化方向：如何将木材与优化建筑结构有机结合，并在建筑构造节点上投入更多的研究；要将可持续的生活方式融入木建构当中；可考虑用柔性材料作为建筑围护结构，以轻质设计为目标；进一步完善连接节点系统的通用性，并考虑建筑整体的稳定性；将屋顶结构作为整体系统的核心，深入考虑围护结构和屋顶的关系及其围合的可能性；考虑将可变家具同时作为结构系统，将设计核心集中在结构设计上。

学生在制作的过程中渐渐认识到，两块木材的连接可通过不同的方式实现，而“接合”这一方式在设计中起着决定性作用。木质部件之间的连接是通过铰链来实现的，并且是半硬式的，想要达到完全的刚性连接比较困难。最常见使用的是机械连接，包括所有使用金属元件的系统，无论是贯穿式（钉子、螺栓、别针和 U 形钉）还是表面部件（连接头和钉板）。也可以选择完全刚性的胶合接头，但这种接头比较脆弱。而木质接头实现了企口接合，通过局部压缩和切向剪应力来分散受力。为了调节木材的扩张和收缩，设计接点时需要考虑到一定的活动幅度。在此过程中，大家受到日本传统木构建筑经常使用“压缩应变”法进行施工（通过将木构件插接耦合在一起获得支撑力的技术，这种结构的建筑有极强的稳定性，故人们称之为“不死的建筑”）的启发（图 9）。

a）Studio 方案展示

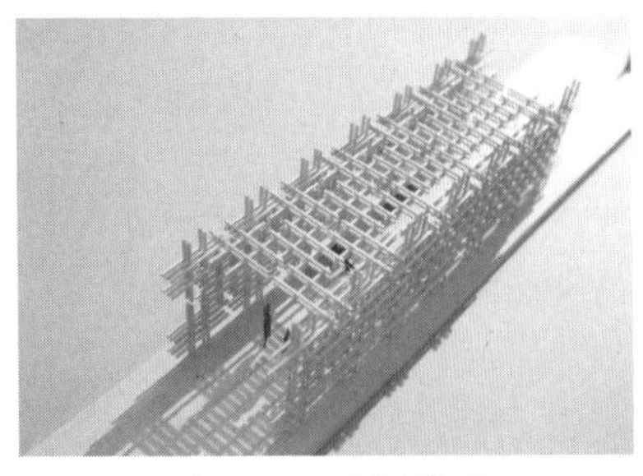

b）Studio 方案构思模型

图 8　中期方案汇报

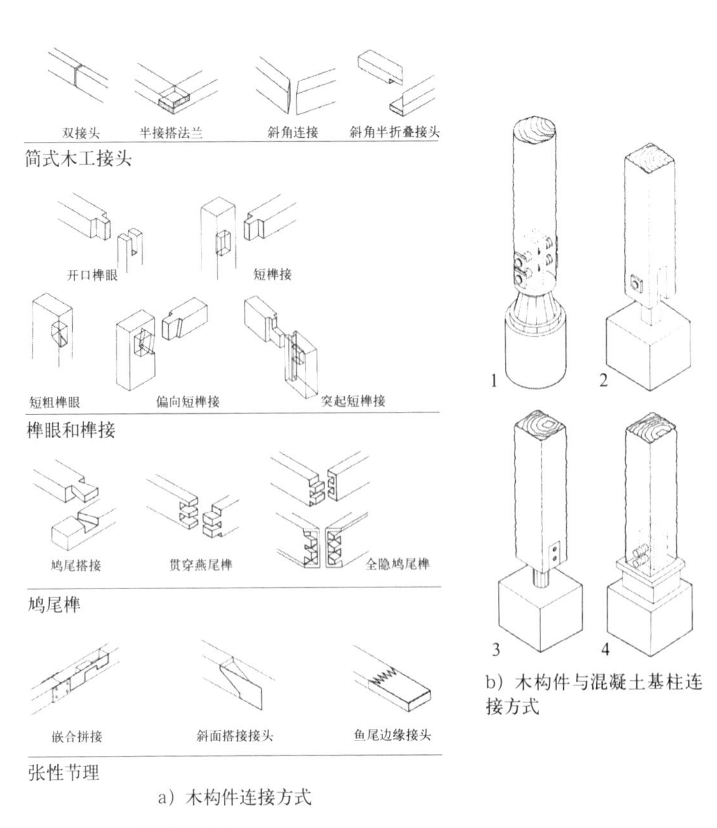

a）木构件连接方式

b）木构件与混凝土基柱连接方式

图 9　各种构件的连接方式

2.3 深化设计

后续课程围绕深化设计展开。一方面，通过每周2次课堂辅导，任课老师与学生在各个层面讨论方案发展并帮助解决技术问题，同时也会结合学生的个体情况和方案进展提出不同的任务要求，在下一次见面的时候着重讨论；另一方面，学生在课外积极利用互联网及学校丰富资源全方位的推进设计，并与相关技术和材料厂商取得联系获得一手市场资料。合作组员目标一致又分工明确，从每次提交的成果更新来看，教师促成的学生分组十分有效，学生之间的能力互补有力推进了设计，先前陷入僵局的方案有所突破，而具有闪光点的方案则更为丰满。

终期评图除特邀专家外，Studio还邀请了各赞助单位的代表参与评图。各组通过图纸文本，多媒体演示，各类建筑模型的方式，从不同的角度对课题做出解答。在终期评图期间，师生及评委在不同方向进行了深入探讨并交流了观点。笔者选取较有代表性的木质屋Wooden House设计方案进行简要介绍（图10）。

木质屋Wooden House可被视为工作、休息、思考、就餐、卧室等不同功能空间。设计者敏春岛子用梁柱的断面尺寸为28mm×95mm、45mm×95mm、70mm×70mm的截面方木，非结构围护体材料根据空间的使用功能和围护的方式选择可操作的材料，有木板、木条、纸板、PVC板等。规定木构框架螺栓连接：由于规定的结构用材断面尺寸偏小，建造时采用分解组合的方式形成组合柱或组合梁，满足了结构受力的要求。组合柱或组合梁的连接形式表现出多种可能性，使梁柱连接构造单元呈现丰富的多样性，设计者根据设计的需要进行选择，在连接方式上采用金属和胶合剂。

木质屋是基于对现有脚手架系统的改良和木质材料的应用（包括材料和连接节点的改良），以适应性、开放性及灵活性为目标的建筑设计。通过这一策略将快速施工、低造价及空间品质在设计中得以共同实现。建筑结构采用优化的脚手架系统，通过两类标准连接件组装获得轻质、可变、坚固及组装快速的建筑结构。通过对楼板系统的改进，在提高整体结构稳定性的同时，还为外立面围护系统提供有效支撑。材料均通过螺栓与标准连接件连接，对安装工具和劳动力的需要均降到了最低。

围护材料分为轻质和板材两种。轻质围护材料（玻璃或塑料薄膜等）对日本文化中对时间及季节变化的敏感性做出了呼应，多重方向的窗户营造了一种既是遥远空间，又置身户外的感觉。设计者在建筑立面上设计了方形或矩形上悬窗，为室内提供必要的自然通风。围护材料均通过工业化加工预制而减少浪费。板材则和门框、窗户相互锁住，形成刚性墙系统。门和窗户的布局构造出的通风系统还能够捕捉太阳能。

由于采用的木材较轻，其基础荷载主要来自于风荷载。经过优化设计，建筑部件只需2～3人就可完成建筑的组装。另外，木质脚手架系统形成一个“梁柱”支撑的框架，层高空间设计不仅为开放的室内空间提供了可能，以适应不同家庭不同阶段的空间需求，而且为“单元体”的多向度组合打下了基础。屋顶设计用于收集雨水，将其贮存在位于建筑下方或者顶端的水箱中。在设计过程中学生们发现，只要保证木材一定的干燥度，不需要进行额外的化学处理。大家认为使用化学药剂就剥夺了木材作为一种生态环保材料最可贵的优点，不能完整地降解到生态循环中去。

a）阶段成果1

b）阶段成果2

c）木质节点效果

图10 木质屋Wooden House

2.4 课程意义

终期评图并不是课题的结尾，而是课堂研究迈向建筑实践的开始。藤原先生在课堂总结发言提到，大家除了要通过展览向社会展示课题组的研究成果之外，还要联系有关部门争取尽可能多的实施方案，他也会邀请课题组的师生积极参与到方案实施的过程中来。在由桢文彦先生设计的螺旋大厦里，进行着本次木建构教学展览，观众表现出对学生木建构作业的强烈兴趣（图 11）。

图 11 木建构教学展览

东工大木建构教学思想一直秉承着："重点并不在于能把建筑做得多便宜，而是在于设计是否得体。"以经济限制来控制学生的设计是启发学生如何在有限的条件下创造好建筑。有限的条件更能激发建筑师的创造力和体现建筑师的社会价值。

除此之外，课程还展示了课题组师生对"节能"、"绿色"、"可持续"等当代建筑发展关键词的解读，给出了他们在新材料、新技术方面探索的解答，也体现了他们对城市基础设施建设的设想。课题组从建筑物质性的理解到对建筑技术发展的应用，最终将建筑设计落实到建筑师对社会问题关注的回应上。

3 小结

从建筑学的角度看，"建构"应当是源自建造形式稳定持久的表现力，而这种表现力又无法仅仅以结构和构造的理由来理解。但是，技术性的连接程序依然是最为本质的。以木建构来看，这意味着以木材的材料问题到材料之间的连接而导致的构造问题，再到连接成整体后的结构体系问题。以建构意义的方法来研究木构建筑，是以自材料、构造到结构的一种秩序的建造规律来探讨问题的，而结构层面正是木构建筑造型的最重要层面。如果我们讨论结构对造型的最直接的影响，那应该是结构意义上跨度与高度的问题。东京工业大学教授坂本一成先生曾说，通过对材料表面的操作所形成的表情，并不是为了获得"形式"，而恰恰是希望将它从"形式"中抽离。所以，在消解它社会意义的同时，我们的自由才得以被释放出来。

（项目赞助：教育部人文社科青年基金资助项目，项目编号：14YJCZH170）

注释：

[1] 冢本由晴承袭了东京工业大学关注民用建筑的传统，他的作品善于适应不同的地段和生活方式。目前他是东京工业大学建筑科的准教授。

[2] 迫庆一郎（SAKO KEIICHIRO），1970 年生于日本福冈，1994 年毕业于东京工业大学，1996 年该校研究生毕业，参与许多日本和中国的知名建筑设计工作，例如"北京马赛克""2008 深圳蜂巢"等。

参考文献：

[1] 日本建筑家协会．仕口 继手 [M]．2013：28．

[2] 日本建筑家协会．东京工业大学学生作业集 [M]．北京：中国建筑工业出版社，2013：55．

[3]（西）迪米切斯．考斯特（Dimitris Kottas）．建筑设计师材料语言——木材 [M]．北京：电子工业出版社，2012：20．

[4] 辛塞波．基于材料逻辑的建构教学探索 //2013 建筑教育国际会议论文集 [M]．北京：中国建筑工业出版社：210．

[5] 王桢栋．从 1K House 到 10K House——美国麻省理工学院建筑系 Option Studio 回顾 [J]．建筑学报，2012（9）：10．

作者：辛塞波，北京木搭（MUDA）设计工作室 主持建筑师

建筑类院校多专业共享美术基础教学平台的研究与实践

朱军

Research and Practice of Architectural Colleges Multidisciplinary Shared Basic Art Teaching Platform

■摘要：本文针对建筑类院校专业设置的现状，根据美术基础课程学习的内容，分析和研究以往教学的经验与不足，结合相关各专业特点，研究美术基础教学平台在建筑设计、城市规划设计、工业设计和园林设计等各个专业中所承担的作用及应用效果，逐步明确各个专业对美术基础课所需的知识与能力要求。提出美术基础教学平台如何设置的更加科学、合理，然后有针对性地逐步进行课程改革，对不同专业进行不同的教学内容、教学方法等改变，目的是使美术基础教学平台能更好地为各设计专业服务。
■关键词：建筑类院校　多专业共享　美术基础教学平台
Abstract: In this paper, Against the status quo of professional architectural colleges settings, according to art foundation course content. Experience and inadequate teaching of analysis and research in the past, combined with relevant professional characteristics, basic art education research platform in architectural design, urban planning and design, industrial design and landscape design in various professional roles assumed and application effect, gradually clear various professional knowledge and ability required for basic art class requirements. Propose a more scientific basis for teaching art platform how to set reasonable, gradual and targeted curriculum reform, for different professions different teaching content, teaching methods and other changes, the purpose is to make art education platform can have a better basis for each design professional services.
Key words: Architecture Colleges; Multi-Disciplinary Sharing; Basic Art Teaching Platform

目前国内建筑类院校中专业设置有许多相同之处，如建筑设计、城市规划设计和艺术设计等专业同设在一个学院内（有的院校还有园林、古建等专业等）。由于不同设计专业存在不同的教学特点，在以后的专业学习和发展方向上亦有很大差别，在专业学习中对学生美术方面的要求也不尽相同，所以应根据不同设计专业的特点进行不同的美术基础教学。针对于此，在强调不同专业美术基础教学在遵循美术教育规律的同时，应进行针对性的教学改革，包括教学内容、教学手段和教学方法等。重点解决不同设计专业学生美术基础教学基本相同，与专业学习缺乏联系的问题。力求使不同设计专业的学生在相对有限的时间内掌握相关的基础美术知识与基本技能，以利于今后的专业学习。

一、建筑类院校美术基础教学的状况分析

国内建筑院校设计类专业的设置一般具有宽跨度的特点，课程体系尤其是基础课程基本上是依托建筑学的办学优势而形成的，各设计专业虽各有不同，但某些课程又相互联系，像设计初步课、美术课等几个专业均作为基础课开设。而美术知识与技能是专业设计的基础与前提，由于历史形成的原因，美术基础课的教学大纲、教学日历和教学任务指导书各专业相对统一。教师在课堂上面对不同专业的学生，教学的内容和教学方法基本一致，教学上更多的是"同"。在具体操作中，教学内容方面比较粗放，专业针对性较弱，与专业教学的衔接普遍被忽视。另外在教学方式上由于担任美术教学的教师大都毕业于专业美术院校，在教学中会不自觉地按照艺术科班的教学方式，不能充分认识到建筑院校各设计专业的教学需要，使学生在学习接受上产生困惑。

教学内容的更新、教学方式丰富与改革的步伐缓慢，必然会使不同设计专业的学生在以后的专业学习中带来或多或少的问题，也容易使美术基础训练与各个专业设计课产生脱节现象。美术基础课应当在学生的专业设计学习中发挥更加有效的作用，因此，针对建筑类院校目前具体的专业设置特点，对美术基础教学做了尝试性的改革与实践。

二、建筑类院校美术基础教学的改革的目标与思路

随着观念的更新，时代的发展，现代建筑院校设计类专业的美术基础课程教学的目标应从单一的传统美术基本技能、技巧的训练转变为对设计创造性思维、艺术本质规律、造型观念研究的纵深化、全方位、多层次的教学实践，培养学生通过美术的学习，发现设计、认识自然，以及运用各种艺术手段创造性地实现设计表现的能力，让学生从无意识进入到有意识的专业设计训练状态，从而最终达到从美术中认识设计的目的。

建筑院校设计类专业美术基础教学不是简单的绘画训练。纯绘画是艺术家通过抽象或具象对对象的描绘来反映人们的意识形态，而设计则是满足人们心理和生活的需要的科学，它是设计师按照一定的审美规律创造出与人们生活有直接关系的物品与环境等。所以设计的美术基础教学与绘画的美术基础教学相比要有所区别。不同的设计专业需要不同的美术造型基础，让美术基础教学为设计的本质奠定良好的基础，是建筑院校设计类专业的美术基础课程教学的目标和归宿。只有认清这一目标，才能使我们在教学改革中更加的有的放矢。

在美术基础教学改革与实践中，我们要明确思路，关键要解决如下问题：一是确定出各个专业各自对美术基础的要求是什么，如建筑设计专业对空间与形象思维能力的要求，城市规划设计专业对环境整体把握能力的要求，工业设计专业对形式创造能力的要求等。只有找到专业的需求，找到教学的侧重点，有针对性地设计和进行基础课教学，才能发挥基础课真正的基础性作用。二是研究用什么样的教学内容、教学方法，更加合理、有效地安排以符合专业特点。在实际工作中，分析目前的美术教学状况、优劣短长及对各专业的作用与影响，然后进行各专业美术基础课训练的重点与方向的确定。对同一阶段课程针对不同专业设置不同的教学内容，通过教学单元内的实践，总结出一套比较符合建筑院校学科特色的、有针对性地对各个专业学生学习能发挥一定作用的美术教学体系。

三、建筑类院校美术基础教学的改革与实践

和国内同类学校相似，北京建筑大学的几个设计类专业（建筑设计专业、城市规划与设计专业、工业设计专业等）同设在建筑与城市规划学院内，在建筑院校中有一定的代表性。几年来学校一直进行美术基础课改革的尝试，在具体的教学实践中，明确思路，从课程的针对性做起，对各个专业特性进行分析，找到各个专业的不同需求，找到相应的侧重点，逐步确定出各专业美术课程的具体教学内容与教学方法。通过不断探索与努力，取得了一定的效果与经验。

1. 建筑设计专业美术基础教学改革

首先明确建筑设计专业学生所应具备的最基本素质和能力，也就是应具有形象与空间的思维能力。为此，教学内容上应增加优秀作品的欣赏，以便让学生更加深刻地认识、了解创造空间的艺术。在基本训练中，减少长期作业的课时，从几何结构的理解与描绘入手，运用结构素描的方法来观察和描绘物体，练习的目的是研究物体的大小比例，内部外部的结构，形体的连接与内在穿插关系，着重强调要透过物体表面分析判断出内部的空间形态与结构关系。同时把原来的常规的静物与风景写生改变为结合建筑形体进行构成训练与空间的认识，通过大量的建筑写生练习实地获得真实感受，使形象更生动。这种训练是要求学生选择多种角度对建筑物体进行透视现象的观察，认识建筑物空间各部分的结构关系，以及建筑物内部物体与之相互间的关系。通过对建筑实体透视观察获取对空间的直接感受，并通过二维平面空间的纸面描绘把这种感受表现出来。另外，在教学内容上还应增加创意表现训练。通过基本的造型技巧表达设计的意念，如让学生表现想象中的空间，要求学生通过绘画的手段，打破常规运用各种表现形式，传达自己的构思，体现自己的意念，逐步培养学生的想象力和创造意识，锻炼学生对画面的把握与组织能力。在教学方法及教学手段上力求丰富，遵循学生需求摆脱主观性和盲目性，课堂上充分感染、启发学生，调动学生积极性，提高学习兴趣。如将创意表现素描与结构训练结合起来，在强调造型准确与严谨的同时，让学生有趣味地体验。除沿用一些传统教学方法，还可以充分利用现代数字化技术辅助教学，随着一些数码产品如电脑、手机、PAD 等软、硬件的不断完善，可以轻松地做出许多纸上难以表现的效果，丰富了学生的表现手段，取得了良好的教学效果。

2. 工业设计专业美术基础教学改革

针对工业设计专业教学对产品形式创造能力有较高要求的专业特点，除一定的常规基础训练表现之外，教学内容上增设工业产品的专项写生练习，进行物体的结构与特征及质感与效果的研究与表现练习。具体实践中可以要求学生采用结构画法，将产品的部件结构、外表形态严谨、细致地表现出来，采用粗细、强弱、轻重、虚实、浓淡等不同的线条，在同一个画面中，表现几个不同角度的物体结构图，把产品的正、侧、俯视展示出来，在单一的画面中求得视觉上的丰富。在此基础上尝试运用各种工具材料进行精细描绘练习，以解决学生对不同材质、不同肌理、不同表现工具的认识和应用。使学生做到由感性上升到理性，并最终获得对产品结构造型本质的深刻理解。区别于其他专业的教学内容，还增加了装饰色彩及黑白构成的练习，色彩表现上“利用装饰的手法，尽量用最少、最简洁的颜色达到最好的视觉效果”[1]。“充分调动学生学习色彩的积极性，不断引导学生从设计的角度来提升色彩的修养”[2]，使工业设计专业的美术基础课能与其专业的三大构成课的教学融为一体。教学方法上注重“启发式”教学，调动学生的积极性，在课堂写生的初始阶段就让学生参与进来，从写生物品的摆放设计开始，学生自己选择物品，根据画面设计自己摆放，整个作画过程更加主动。同时充分利用现代化教学手段，传统美术教学中由于讲授课时相对较少，许多基础知识学生无法深刻理解。现在我们尝试使用计算机三维动画演示辅助教学，特别是工业设计专业对于形体结构透视的理解既是重点又是难点。我们在包豪斯学生的结构素描中可以看到大量利用形体透视的辅助线表现的空间感，虽然电脑 3D 软件那个时代还没有问世，但是这与三维线框的显示方式来观察物体的方法却有异曲同工之妙，通过 3D 演示进行对比，使学生理解起来更加深刻。3D 演示界面中对模型有多种形式的显示方法，如透明度、材质纹理、线框等，同时物体的呈现可以自由变换、全方位旋转，对物体的局部与组合让人一目了然[3]。对工业设计专业的美术教学有很大帮助。

3. 城市规划设计专业美术基础教学改革

城市规划设计的专业特点决定了对学生把握整体画面的要求较高，训练的内容与课题也就更为丰富。教学内容上在环境大场面速写训练上大大增加了比重。加大表现素描和默写的训练课时，注重提高学生观察、表现的能力。另外结合该专业在大空间规划、设计制图时经常运用抽象的形式美感的特点，在二年级的教学中安排临摹研习现代抽象绘画作品，在研习过程中不要求一成不变完全临摹，而是要求通过临摹大师们的作品，体味点、线、面、色块、明暗、肌理所构成的形式美感，最后自己进行尝试性的表现。在教学方法上强调教学互动打破课堂上教师的“一言堂”，教师提出问题，启发学生思维，调动学生的积极性让学生自己去大胆尝试，学生是积极的参与者，而不再是被动旁听者。每个学生都积极参与讨论，加强互相之间以及与老师之间的交流，形成良好的教学互动。参与教学过程变被动为主动，充分展示出每个学生的艺术个性。同时加强教师现场示范教学，注重实地写生练习，强调整体观察。另外由于加大了学生课下速写量，要求教师课堂上针对城市规划设计专业的特点认真进行点评，因为“课外练习的效果和学生对课外练习的积极性，很大程度上取决于教师事后的讲评和鼓励”[4]。采用传统教学模式与现代教学模式结合的形式，有利于造型能力的加强，有利于适应将来社会的需要。总之，通过课堂的实践结合对各专业课的分析，针对不同专业进行具体的改革实验，整个过程都融入每一教学环节当中，使有限的学时发挥出最大的效能。

通过美术基础课程教学的改革与实践，进一步促进了北京建筑大学的美术基础教学，也为其他建筑类院校进行相关的改革提供了一个借鉴。教学改革使各个专业的美术基础课程学习目标更加明确，使美术基础教学在各专业今后的学习中发挥更加积极有效的作用。同时进一步整合了美术课程体系，对每一阶段都重新确定教学内容、评价指标、教学方法与手段。通过重新调整、增设新的教学内容等，使各专业的美术基础教学既相互联系又有一定的特性，更加符合本校学科特色、更具实效性和针对性，更加科学完善合理。

结语

实践证明美术基础教学根据各专业特点，应该是有侧重的。但这种侧重不是硬套上去的，尤其刚开始进行美术基本功训练时，更需要熟悉和掌握全面规律，涉及造型的主观和客观的各种因素。当然，造型艺术毕竟还是有它的共同性，既要掌握造型的各种规律，不能有所偏废，又要能在某一专业特点上深入研究。所有这些都需要我们认真探索，在具体教学实践中总结经验，对于一些不成熟的地方不断加以完善。

注释：

[1] 代青全．高等美术院校设计色彩教学的思考 [J]. 美与时代，2011，(05)．
[2] 袁公任．谈设计色彩教学 [J]. 装饰，2005，(03)．
[3] 寿伟克．数字艺术类专业素描课教学新方法探索 [J] 吉林省教育学院学报．学科版．2010 (01)．
[4] 聂琦峰．应用设计学科中的基础美术教学方法浅议 [J]. 吉林广播电视大学学报 2010 (01)．

作者：朱军，北京建筑大学建筑与城市规划学院　副教授，研究生导师

昆明理工大学地域性建筑教育的反思

翟辉

Rethinking on Regional Architectural Education at KUST

■摘要：本文试图通过对“地域性”的批判和“特色”的辨析，对地域性建筑教育，特别是昆明理工大学的地域性建筑教育进行必要的反思，提出地域特色不仅在于“特”更在于“色”，地域性建筑教育必须是“普世地域的”，应该在承继传统的基础上对未来有所启发。
■关键词：地域性　建筑教育　地域特色　昆明理工大学
Abstract: By the criticism of “regionality” and analysis of “characteristics”, this paper tries to rethink on regional architectural education, especially the regional architectural education at Kunming University of Science and Technology and put forward that regional characteristics is not only “special” but also “quality”, regional architectural education must be “univeregional” and enlighten future based on traditional heritage.
Key words: Regionality; Achitectural Education; Regional Characteristics; KUST

一所学校、一个学科的地域特色的形成必须基于两点：长期坚持不懈地在同一正确方向上的努力和积累，以及具有全球视野和时代精神的反思和批判，缺一不可。

虽然在“地域性建筑教育”领域中，昆明理工大学建筑与城市规划学院并不是一支新军，因为从1983年云南工学院开办建筑学本科专业起，“本土性”、“地域特色”就一直都是云南建筑教育的“根本”，但是，本文仍然无意分享太多的办学经验与特色，而更愿意提出一些针对“地域性建筑教育”这个话题的困惑、担忧、思考和期望。

一、“地域性”的批判

本文题目“地域性建筑教育”是双关的，既可以是“地域性的建筑教育”，也可以是“地域性建筑的教育”，本文重点讨论的是“地域性的建筑教育”，当然也和“地域性建筑的教育”相关。

人类文化从来都不会、也不可能是简单的“定于一尊”，建筑教育也如此。正是由于地域的多样性和建筑的地域性的存在，在建筑教育中也不可避免地会打上地域性的印记。但是，在全球化与地方化、普世性与地域性之间我们还是应该以辩证的眼光，持折中的态度，取适"度"的策略，避免非此即彼的矫枉过正。

对地域性、地方性、地域主义、批判的地域主义的认识决定了对"地域性建筑的教育"和"地域性的建筑教育"的认识。

地域性（Regionality；regionalism；regional），是指特定地理空间所具备的鲜明特性和领域属性（territoriality），是与普世性（universality）相对的。而地方性（locality；local）则是与全球化（globalization；global）相对的。

正如地域性建筑是脱胎于对现代普世主义的批判和反思一样，地域性的建筑教育也是在全球化背景下，为强化"地方认同"、"差异性"而产生的对地域特色的特别关注。

然而，当建筑创作和建筑教育中差异性有压倒相似性的趋势的时候，我们难道不该有所警惕吗？建筑教育的地域性特色如何体现？怎么避免可能出现的"千篇一律的地域性"？

重温"批判的地域主义"的要素界定，也许我们可以找到一些当今地域性建筑教育的准则。

建筑中，传统的地域主义采用"熟悉化"的手法，强调"怀旧"和"记忆"。批判的地域主义，既是对"国际的现代主义"的批判，也是对"传统的地域主义"的批判，对于"陌生化"手法的关注，对场地自然环境的注重，使得批判的地域主义更贴近现代生活。

弗兰姆普敦把批判的地域主义建筑特征描述为地方对"世界文化"的折射。他提出了在建筑设计中可以被识别为"批判的地域主义"的"七要素"是：进步和解放而非伤感怀旧；场所和"领域感"而非"目中无人"；"建构"现实而非"布景式"插曲；对地形和气候的表达反应而非万能普适；多种感觉体验而非视觉唯一；对地方和乡土要素的"再阐释"而非"煽情模仿"；普世文明下的文化繁荣而非封闭状态下的孤芳自赏。

批判的地域主义主张"调和普世文明与地域文化"并以此作为重要的目标，地域性建筑教育也应如此，强调的也应该是全球视野和普世文明下，面对地域现实的"再阐释"；是主流的、先进的相似性基础之上的差异性，是大同小异、先同后异的；是"普世地域的"（univeregional）[1]。

二、"特色"的辨析

无论是在地域性建筑创作还是地域性建筑教育中，以下误区还是普遍存在的，即：地域性＝地域特性＝地域特征＝地域特色。

关于"地域性"，前文已有阐释。所谓"地域性"，更多的是"因地制宜，因人而异，应时而变"，而非"与众不同"，因此，"地域性"不能和"地域特性"画等号。

特性、特征和特色，好像是近义词，对应英文都可以是characteristic。但是，咬文嚼字地辨析后，我们会发现它们之间应该是有较大的不同的。

"特性"多指内在的，"特征"多指外显的。它们都只强调异于其他的特殊品性和征象，是中性的，并无褒贬。而"特"色就不同了，是指"独特的风采"，是褒义的。

"色"，不仅有"颜气"之义，还有"质量"之义（如：足色、成色、增色、出色），还有"配方"之义。

"色"的"配方"之义体现在晚唐瓷器业术语"秘色瓷"中，但是自宋朝以来至今，学者们对"秘色"一词聚讼不已，但都把焦点放在"秘"字含义上，没有意识到"色"不但有"颜色"义，还有"配方"义。

遗憾的是，通常我们在讲"地域特色"的时候，也都把焦点只放在"特"字含义上，未有意识到"色"还有"质量"、"配方"之义。

因此，我们对"特色"的认识是：第一，"特色"不仅要做到"特"（人无我有），更应做到"色"（人有我优），盲目追求不"色"之"特"，是有害无益的；第二，不仅要看到外在的"颜气"，更要努力去研究"色"的"配方"；第三，所谓的"特"，也都是与"一般的"、"共同的"相比较而言的，脱离共性的特性是不存在的；第四，"特色"的形成既需要敢于"试错"的创新起点，更需要长期的坚持和积累。

费希特说，教育必须培养人的自我决定能力，而不是要培养人们去适应传统的世界。教育不是首先着眼于实用性的，甚至也不是首先要去传播知识和技能，而是要去"唤醒"学生的力量[2]。

因此，判断建筑教育是否具有地域特色，关键是要看你能否通过“普世性”与“地域性”的调和培养学生的自我决定能力，引导学生进行批判性思考和实验性探索，从而“唤醒”学生的力量。

因此，特色不是你开设有古建测绘实习，不是你测绘的对象是云南传统建筑，而是你能够使建筑史的部分知识在测绘中得到巩固，而是你能把这些资料整理汇入云南乡土建筑基因库并加以丰富和积累，而是你能使学生理解什么叫“大传统”什么叫“小传统”，而是测绘之后师生会对传统建筑有更深厚的感情和对那些形式背后的生成逻辑有更深入的理解。

三、“传统”的承启

朱文一教授总结了“建筑教育的办学特色主要体现在：发挥地域特色，借力行业优势，突出学科特征及明晰办学定位 4 个方面”[3]。从昆明理工大学建筑与城市规划学院的办学历史来看，突出、强化自身的办学特色，30 余年来一直都是我们所追求、探索的，已经成为昆明理工大学建筑教育的一个传统。

云南（西南）地区自然生态资源丰富，历史民族文化多样且底蕴深厚，人文自然地理独特，为人居环境科学的研究提供了极多的素材，西部人居环境发展显现出的相关问题恰恰是中国建筑学学科所要关注和解决的问题。因此，我们在办学中力图充分结合云南（西南）地域生态文化多样性特色，削弱偏远、贫穷、闭塞等地域区位劣势的影响而发挥丰富、多样、独特的人文地理优势，尽力构建具有地域文化特点的教学体系，逐步形成自己地域性建筑教育的办学倾向和特色，并将特点转化为优点，把特色转化为优势。

我们力图在“坚持地方特色、融教师科研成果于教学，理论与实践相结合”的专业办学特色基础上，强化乡土建筑研究特色，以云南（西南）地区人居环境的科学研究为先导，促进科研与教学的互动；动态调整设计课及其相关课程的教学内容，加强课程纵向体系和横向体系网络关系的紧密联系，注意在建筑设计课中结合云南（西南）的地理、社会、经济、文化背景进行设计命题和指导等，构建具有地域文化特点的课程体系以增加学生今后服务西部、服务云南的适应性。

我们力图进一步强化学科建设对教学发展的促进作用，改革过去单一的教研室机制，探索学科团队与工作室双轨并行制，以构成更具团队精神和更有活力的设计研究教学团队，建立灵活、有效、稳定的教学、科研与设计相结合的学术梯队，鼓励本科学生参与教师的科研和设计工作，形成“教授－年青教师－研究生－本科生”特色团队，弥补高职师资的不足，并使师徒制和因材施教的特点在建筑教育中有更多体现。

以高水平的科学研究和社会实践（特别是乡土建筑、乡村营建的研究与实践）来促进教师队伍建设、促进学科建设并进而带动教学水平的整体提高，这是昆明理工大学地域性建筑教育的优良传统。从我院教师出版的部分相关著作（图 1）和近 10 年获得的国家自然科学基金项目中可以看出这个传统的延续与承继：

专著：《丽江纳西族民居》（朱良文，1988）；《中国南部傣族的建筑与风情（英文版）》（朱良文，1992）；《云南大理白族建筑》（蒋高宸，1994）；《云南民族住屋文化》（蒋高宸，1997）；《丽江——美丽的纳西家园》（蒋高宸，1997）；《云南少数民族住屋——形式与文化研究》（杨大禹，1997）；《建水古城的历史记忆》（蒋高宸，2000）；《云南乡土建筑文化》（石克辉，胡雪松，2003）；《和顺——乡土中国》（蒋高宸，2003）；《中国最具魅力名镇和顺研究丛书》（杨大禹，2006）；《丽江古城民居保护维修手册》（朱良文，肖晶，2006）；《中西民居建筑文化比较》（施维琳，2007）；《门与窗》（何俊萍，2008）；《集市习俗、街子、城市——云南城市发展的建筑人类学之维》（杨毅，2008）；《云南藏族民居》（翟辉，柏文峰，2008）；《传统村落旅游开发与形态变化》（车震宇，2008）；《云南民居》（杨大禹，朱良文，2009）；《云南绿色乡土建筑研究与实践》（柏文峰，2009）；《丽江古城环境风貌保护整治手册》（朱良文，王贺，2009）；《云南佛教寺院建筑研究》（杨大禹，2011）；《族群、社群与乡村聚落营造：以云南少数民族村落为例》（王冬，2013）。

国家自然科学基金项目：乡村地文模式语言研究——以云南为例（2015，翟辉）；云南边疆地区少数民族民居可持续发展模式研究（2015，谭良斌）；民居自组织建造体系在旅游开发中的适应性研究（2015，刘肇宁）；滇南民族传统村寨环境友好伦理观及其营建模式研究（2014，杨毅）；基于谱系学历史研究法的干栏式建筑研究（2013，唐犁洲）；西双版纳

图1　昆明理工大学建筑与城市规划学院教师出版的部分著作

傣族住居文化跨境比较研究（2013，施红）；云南乡村旅游小城镇空间生产与重构研究（2013，车震宇）；历史文化村镇遗产及其文化生态保护的研究与示范（2012，杨大禹）；当代乡土民居形态演化的自生机制及介入控制理论研究（2012，吴志宏）；云南典型山地民居的气候适应机理研究（2012，谭良斌）；"时空连续统"视野下的云南乡土智慧体系研究（2011，翟辉）；作为方法论的乡土建筑自建体系综合研究（2011，王冬）；循环经济建设下民族传统村落景观转型与保护对策研究（2010，毛志睿）；以村镇建设为主的建筑文化多样性保护与发展对策研究（2008，杨大禹）；少数民族贫困地区乡村社会建筑学基本理论研究（2007，王冬）。

然而，建筑教育的地域特色和建筑的地域特色一样，是在对地域 context（经济、文化、师资、生源、积累、需求）的适应和回应的过程中形成的，是在对其中的矛盾的平衡、对问题的分析和解决过程中形成的。今天我们面临的地域 context、面对的真实问题和过去都已有很多不同，这要求我们必须在承继传统的基础上对未来有所启发：当传统在创造我们的同时，我们也要有信心去创造传统。

因此，通过国际合作、学科交叉、专业互动，我们开始深入探索绿色乡土建筑技术的适宜性，开始强化人类学、社会学与建筑学的有效结合，开始尝试"设计范式由学院派习惯的'主观设计'和'个性创作'而转向设计与地方知识和日常生活的结合"[4]，开始试行多专业的 BIM 协同设计，开始建立数字档案、开发网络评图 OR 系统……这些也许能够强化我们已有的特色，也许能够形成新的特色，也许不能形成特色。不管怎样，我们都应该回归基本、立足云南、放眼世界，以期"唤醒"师生的力量，以期"外之不后于世界之思潮，内之仍弗失固有之血脉，取今复古，别立新宗"[5]，正如吴良镛先生引用《周易》中"天下一致而百虑，同归而殊途"为昆明理工大学建筑与城市规划学院成立题词所期冀的。

清代叶燮《原诗》说：大凡人无才，则心思不出；无胆，则笔墨畏缩；无识，则不能取舍；无力，则不能自成一家。但愿我们能够具备才、胆、识、力，能够花心思、不畏缩、会取舍、厚积累，能够采取调和普世文明和地方文化的姿态，寻求"存在于普世文明和扎根文化的个性之间的张力"，能够既"特"又"色"，能够在地域性建筑教育中"自成一家"。

注释：

[1] 是借鉴全球地区化 glocal（globle+local）所新造的表达既普世又地域（universal+regional）的合成词。
[2] 转引自：李工真．德国大学的现代化 [J]．经济社会史评论，2007（06）：5–15．
[3] 朱文一．当代中国建筑教育考察 [J]．建筑学报，2010（10）：1–4．
[4] 王冬，施红．"三"村论道——从"大曼糯"到"纳卡"到"洛特" [J]．西部人居环境学刊，2015（2）：20–24．
[5] 摘自鲁迅 1908 年写作的《文化偏至论》。

参考文献：

[1]（美）肯尼斯·弗兰姆普敦．现代建筑：一部批判的历史 [M]．张钦楠译．北京：生活·读书·新知三联书店，2004．
[2]（荷）亚历山大·楚尼斯，利亚纳 勒费夫尔批判性地域主义：全球化世界中的建筑及其特性 [M]．王丙辰译．北京：中国建筑工业出版社，2007．
[3] 单军．记忆与忘却之间——奇芭欧文化中心前的随想 [J]．世界建筑，2000（09）．
[4] 王颖，卢永毅．对"批判的地域主义"的批判性阅读 [J]．建筑师，2007（10）．
[5] 翟辉，王丽红．建筑 Context：从地域性到地点性 [J]．云南建筑，2013（03）．

作者：翟辉，昆明理工大学建筑与城市规划学院 院长，教授

校园动态 Events

天津大学建筑学院校庆120周年系列活动

建筑学院校庆系列专著发布仪式暨建筑教育与未来行业发展趋势论坛

为庆祝天津大学建校120周年，天津大学建筑学院校庆系列专著发布仪式暨建筑教育与未来行业发展趋势论坛于10月2日上午9:00在天津大学21楼六层华润置地国际报告厅隆重举行。特邀嘉宾、历届校友及在校师生齐聚一堂，共同见证专著发布的激动时刻，共同探讨建筑教育与未来行业发展的新趋势。

受邀出席本次活动的嘉宾有：北京市公园管理中心副主任高大伟，北海公园园长李国定，颐和园副园长丛一蓬等；中国建筑工业出版社社长沈元勤，天津凤凰空间传媒有限公司总经理孙学良，天津大学出版社副总编赵淑梅，天津大学人文社科处刘俊卿等；校友代表中，东南大学建筑学院教授、建筑设计院遗产保护规划与设计研究所所长朱光亚，深圳大学教授覃力，河北省文物局局长张立方，当代中国建筑创作论坛总召集人、世界华人建筑师协会副会长、上海日兴设计事务所总经理王兴田，河北建筑设计研究院有限公司副院长、总建筑师郭卫兵，北京建筑大学副校长张大玉，中国建筑设计研究院总建筑师李兴钢，住房和城乡建设部县镇建设管理办公室副主任方明（按照年级排序）等。同时，天津大学建筑学院领导、作者代表及各系所负责人莅临现场。天津大学建筑学院党委书记张玉坤致开幕词，副院长孔宇航主持本次活动（图1）。

本次活动共发布由建筑学院教师编撰的7部新著作。青年教师张龙主持了建筑历史类专著的揭幕仪式。建筑学院教授王其亨和北海公园园长李国定、颐和园副园长丛一蓬、中国建筑工业出版社社长沈元勤以及天津大学出版社副总编赵淑梅，与著者之一刘彤彤分别揭幕了《中国古建筑测绘大系——北海》、《中国古建筑测绘大系——颐和园》、《中国古典园林研究论丛——中国园林创作的解释学传统》与《中国古典园林研究论丛——中国古典园林的儒学基因》4部著作。这4部专著凝结了王其亨教授及其团队三十多年来相关研究的心血，集中体现了建筑学院在建筑历史领域的优秀成果（图2）。

青年教师胡一可主持了建筑设计及城乡规划类新书的揭幕仪式。上海日兴建筑设计事务所总经理王兴田和天津大学建筑学院院长张颀，共同揭幕了《北洋匠心——天津大学建筑学院校友优秀作品集》。该书精选了全国各地校友的优秀建筑设计作品，集中反映了建筑学院校友多年来凭借责任心和实战精神在业界取得的令人瞩目的成果。天津凤凰空间传媒有限公司总经理孙学良与教师郑颖与杨葳、凤凰空间传媒副社长王彩霞，建筑学院党委副书记曾鹏和教师蹇庆鸣分别为《天津大学学生建筑设计竞赛作品选集2008–2015》和《天津大学学生城乡规划设计竞赛作品选集2008–2015》揭幕。这两部学生作品选集是关于天津大学建筑学院近几年学生优秀作品的出版物，集中体现了建筑学院的教学成果。

专著发布仪式后，建筑学院教授刘彤彤和荆子洋共同主持了建筑教育与未来行业发展趋势论坛。论坛主题是在新形势下建筑教育和建筑行业发生巨大改变、面临诸多挑战的背景下提出的。中国建筑设计研究院总建筑师李兴钢，东南大学建筑学院教授朱光亚，日兴设计总经理王兴田，河北建筑设计研究院有限公司副院长郭卫兵，住房和城乡建设部县镇建设管理办公室副主任方明和北京建筑大学副校长张大玉依次发言（图3）。

李兴钢回忆了在校期间的测绘经历，并指出一些不受时间影响而延续下来的经典是推动未来发展的动力；朱光亚认为，建筑教育应从粗放型转向集约化，注重提高学生们承受挫折的能力；王兴田强调，在教学中应将实践中获得的经验传达给学生，避免教材和知识的老化；郭卫兵认为，可持续建筑将成为未来行业发展的主导；方明提出了建筑设计和城乡规划未来发展的四个方向，强调了乡村建设的重要性；张大玉认为，在建筑教育理论方面应该进行改变并建立文化自信；荆子洋指出了建筑教育评价方面现存的一些问题，并对未来建筑教育改革提出了建议。本次论坛展望了新时期建筑教育和未来行业发展的趋势，对于在新甲子中推动天津大学建筑学院建筑教育及建筑行业的发展具有积极意义。

图1 活动现场

图2 部分揭幕嘉宾

图3 建筑教育与未来行业发展趋势论坛

立景树人

——庆祝重庆大学建筑城规学院风景园林系成立 30 周年

重庆大学建筑城规学院风景园林系（原重庆建筑工程学院风景园林教研室）成立于 1985 年，是全国最早创办该专业的院系之一。2015 年金秋迎来创系 30 周年的重要时刻。30 年来，重庆大学风景园林学科依托建筑学、城乡规划学、生态学、艺术学等学科的强大支撑，立足西南，面向全国，在人才培养、团队建设、教学科研等方面，取得了引人瞩目的成绩，形成了“立景树人”的优良传统。

重庆大学风景园林学科办学历史悠久，可追溯到 20 世纪 30 年代抗战时期对古典园林历史理论的总结，尤其是对巴蜀园林的研究以及对陪都城市景观建设和风貌改造等均取得了理论和实践成果。1950 年代设立城市绿化教学小组；1981 年城市规划专业风景园林方向招收硕士；1985 年正式招收风景园林（LA）硕士，1987 年风景园林本科专业招生，2005 年获得自主设置景观建筑学博士点及博士后流动站；2005 年成为国务院学位办第一批设立风景园林专业硕士点（MLA）的院校之一，2006 年恢复风景园林本科专业招生，2008 年获得城市规划（含风景园林规划与设计）国家重点学科；2011 年获得国务院学位办批准的风景园林学一级学科博士点；2012 年获重庆市重点学科，2013 年获得重庆市特色专业；2014 年获得风景园林学一级学科博士后流动站。

2015 年 9 月 19 日，为庆祝重庆大学建筑城规学院风景园林系成立 30 周年，各专家学者、校友师生共聚一堂，在建筑城规学院多功能厅隆重举行庆典活动。风景园林一级学科带头人、建筑城规学院党委书记杜春兰教授主持了庆典仪式（图 1）。中国工程院院士孟兆祯先生，重庆大学党委常务副书记舒立春教授，风景园林专业创始人夏义民教授，风景园林教研室前主任王明非教授，建筑城规学院前院长张兴国教授，重庆大学校友总会秘书长许骏，以及各地校友代表及学院相关领导参加了庆典仪式（图 2）。

庆典仪式于当天上午 9 点启动，杜春兰教授首先宣读了来自北京林业大学、清华大学、同济大学等 20 多所高校以及相关规划设计研究单位的贺电，之后舒立春副书记讲述了重庆大学的更迭，张兴国教授回忆了建筑城规学院的历史轶事，夏义民教授则对风景园林系建系至今的发展历程做了回顾。随后，本科生校友代表、研究生校友代表、在读学生代表依次进行了发言，讲述了他们在风景园林系的所见、所感、所悟，并表达了对母校的祝福。最后，孟兆祯院士祝贺重庆大学风景园林系建系 30 周年，充分肯定了重庆大学风景园林专业 30 年来取得的成绩，并对重庆风景园林的前进发展点明了“立足地域性，发挥主动性”的方向。

图 1　杜春兰教授主持

图 2　孟兆祯院士致辞

图 3　夏义民教授等教师与校友代表共同讨论风景园林教育的发展

庆典仪式还举行了“夏义民风景园林教育基金的成立及授奖仪式”，以及《立景树人——重庆大学校友风景园林规划设计作品集》和影响一代景园人的“白皮书”的发行和重印仪式。

庆典仪式结束后，由重庆大学建筑城规学院风景园林系主任刘骏副教授主持了风景园林教育研讨会，学院老师及校友们围绕风景园林教育的目标、手段、教学重点等问题展开了热烈的讨论。下午，返校的校友们参观了校园并参加了校友沙龙活动，交流分享重大景园人在设计实践中获得的真知与经验。晚间，举行了“重庆大学风景园林系成立三十周年庆典联欢晚会”，浓浓的校友情谊和着轻松愉悦氛围的晚会，为本次系庆活动画上了圆满的句号。

时光荏苒，岁月匆匆，30 年前，夏义民教授一手创办重庆大学风景园林系，从无到有，无私奉献。30 年来，风景园林系几经发展，培育了一代又一代的优秀学子。而今，以杜春兰教授为学科带头人的风景园林教师团队，传承发展创系之初确立的“立景树人”的办学理念，与时俱进，协同创新，立足重庆大学所处的山地城镇地域特色，建设发展“山地景观学”的特色学科团队，一步步迎来了蓬勃发展的新辉煌！

（撰稿人：赖文波）

图 4　2015 重庆大学建筑城规学院风景园林创系 30 周年庆校友师生合影

2015 世界建筑史教学与研究国际研讨会会议信息

由全国高等院校建筑学专业教学指导委员会与哈尔滨工业大学建筑学院共同主办的2015 世界建筑史教学与研究国际研讨会，于2015 年 10 月 10 ~ 11 日在哈尔滨工业大学建筑馆隆重举行，共有来自 48 所高校的 103 名教师及 24 名研究生参加，可谓群贤毕至，少长咸集。

“世界建筑史教学与研究国际研讨会”是由东南大学的刘先觉教授于 2005 年发起的，经由同济大学、清华大学、天津大学和重庆大学的持续与传承，以十年的光阴积下了累累硕果，为建筑史教学与研究搭建了一个国际化的交流平台，极大地促进了各高校外国建筑史教学的发展和提高。在新的十年开启之际，肩负引领未来建筑师走向世界建筑舞台的建筑史教师该如何拓宽研究视野，转变教学方式，与世界接轨，与信息同步，与数字同伴，成为时代的紧迫议题。本次会议以新媒体时代下世界建筑历史教学与研究为主题，聚焦于数字化信息化时代的建筑史教学及多元化多学科交叉下的建筑史研究，在推动建筑史教学与研究等方面必将产生深远影响。

会议开幕式由哈工大刘松茯教授主持，副校长徐殿国即兴用中英双语致欢迎辞。何镜堂院士高屋建瓴地论述了在地域性、文化性和时代性和谐统一的建筑观中建筑史具有不可或缺的作用；同济大学副校长伍江则以建筑历史教师的身份谈及时代对建筑史教学提出的挑战以及该如何应对；全国高等院校建筑学专业教学指导委员会王建国主任从建筑教育发展趋势的层面，对本次会议给予了高度评价和支持；哈工大建筑学院梅洪元院长谈到了这次会议对于哈尔滨、哈工大和建筑学院的特别意义，并阐述了他的建筑史观；东南大学建筑学院葛明副院长宣读了刘先觉教授发来的贺信，信中表达了老一辈建筑史学家对学科的展望和对会议的期许。

10 日上午的主旨发言，国际方面，美国明尼苏达大学的 Arthur Chen 教授作为世界遗产研究中心主任，做了关于遗产保护研究与实践的报告；爱尔兰都柏林大学建筑学院建筑系主任 Hugh Campbell 教授讲述了他如何书写一个民族的建筑史；意大利都灵理工大学的 Rosa Tamborrino 教授做了关于城市文化遗产与博物馆的演讲。国内方面，清华大学王贵祥教授介绍了他们团队如何翻译“西方建筑理论经典文库”，并将其成果纳入教学体系；同济大学伍江教授讲述了将《城市阅读》课引入建筑学教育的成功经验；台湾地区成功大学傅朝卿教授介绍了他们如何将旅行现地体验与电影场景分析作为世界建筑史教学中的两项替代学习模式。

10 日下午的主旨发言中，王蔚、陈蔚、汪晓茜与冯江四位嘉宾分别介绍了天津大学、重庆大学、东南大学和华南理工大学四校外建史的教学特点；同济大学的卢永毅与王骏阳教授分别从建筑作品的多重阅读及环境调控的角度谈了建筑史教学；吴庆洲教授结合自身体会谈了建筑史教师的治学之道；南京大学赵辰教授深入解析了从“民族主义风格”到“地域主义建构”这样一个当代宏大的建筑命题；贾珺教授向与会代表们分享了文艺复兴时期建筑理论巨著《菲拉雷特建筑学论集》的内容；东南大学周琦教授讲述了南京下关开埠建筑的研究与保护。

11 日的分组报告中，同济大学的梅青以德国的“无忧宫”为例解读了欧洲 17 ~ 18 世纪的中国风建筑；南京大学的鲁安东以 20 世纪留园的变迁为例探讨了新的研究方法；华南理工大学的彭长歆从北京亚斯立堂追溯到 W. H. 海耶斯的对角线设计手法；天津大学的杨菁从微观角度入手追踪了“海狸尾瓦”从中国到欧洲的使用；东北大学的程世卓讲述了批判历史观下的约翰·拉斯金现代美学思想；重庆大学的焦洋探讨了关于“Tectonic”的中文译名问题；清华大学的青锋以人文主义为线索将当代多元的建筑理论串联起来；华中科技大学的范向光介绍了以设计为导向的古代西亚建筑教学研究。整个会议议程紧凑，报告精彩纷呈，讨论积极活跃。

闭幕式上，周琦教授做了总结发言，最后主办方将会徽交接给 2017 年会议的承办方——华南理工大学。

（撰稿人：刘洋）

UKNA 圆桌会议及生态城市国际研讨会在天津大学成功召开

2015 年 10 月 17 日 UKNA 圆桌会议于天津中新生态城召开，本次会议就 UKNA 项目未来的组织与发展进行了深入探讨。会议由 UKNA 项目执行人 Paul Ewoud RABE 主持，天津大学建筑学院副院长宋昆和教师胡一可参会，共同与会的还有来自 UKNA 合作机构的 18 位专家，包括：IIAS 所长 Philippe PEYCAM，UKNA 项目执行人 Paul Ewoud RABE 和 Gien San TAN，代尔夫特理工大学 Hendrik Cornelis Bekkering 教授，伦敦大学学院 Kamna PATEL 教授，香港大学建筑学院副院长杜鹃教授，中国城市规划设计研究院张兵总规划师，上海社会科学院屠启宇所长，首尔国立大学 SHIN HaeRan 教授，以及北京建筑大学赵晓梅等。会后，宋昆副院长组织专家对中新生态城进行了考察。

2015 年 10 月 18 日生态城市（eco-city）国际研讨会在天津大学召开，会议分为三个主题：生态城市背景及政策研究，中国生态城市相关技术研究，未来生态城市面临的挑战研究。与会专家就生态城市发展问题分享了自己的研究成果，会议由 IIAS 所长 Philippe PEYCAM、UKNA 项目执行人 Paul Ewoud RABE、天津大学建筑学院副院长孔宇航教授主持。会议同时邀请到天津中新生态城绿色建筑研究院戚建强院长做了主旨发言，天津大学建筑学院张玉坤教授、何捷副教授、杨崴副教授、胡一可副教授也作了学术报告。

UKNA（Urban Knowledge Network Asia）是由欧盟支持的全世界学者进行亚洲城市研究的合作项目，包括欧洲、中国、印度、美国的 13 家合作机构，由荷兰莱顿大学的国际亚洲研究所（IIAS）为支撑单位，是有关亚洲城市研究的最大的国际学术网络。英国的伦敦大学学院（UCL）、荷兰代尔夫特理工大学（TU Delft）、新加坡国立大学，以及中国的天津大学、香港大学、台湾大学等都是其合作机构。

本轮项目执行期最后一次圆桌会议由 IIAS 主办，天津大学建筑学院承办（4th Annual Roundtable of the Urban Knowledge Network Asia，前三次圆桌会议分别在荷兰、新加坡、印度召开）。

生态城市国际研讨会与会专家合影

附：UKNA 英文简介

Urban Knowledge Network Asia（UKNA）

（http://www.ukna.asia/）

UKNA（Urban Knowledge Network Asia）is an inclusive network that brings together concerned scholars and practitioners engaged in collaborative research on cities in Asia. Consisting of over 100 researchers from 13 institutes in Europe, China, India and the United States, the Urban Knowledge Network Asia（UKNA）represents the largest academic international network on Asian cities. The UKNA is being funded by a grant awarded by the Marie Curie Actions 'International Research Staff Exchange Scheme'（IRSES）of the European Union.

天津中新生态城考察

西南交通大学建筑与设计学院成功举办多场国际学术会议（2015 年）

西南交通大学建筑与设计学院 2015 年成功举办并策划多场国际学术会议，进一步发展了建筑与设计学院的学术研究，以促进建筑学科的国际交流与发展。以下为部分重要学术会议信息。

【会议一】西南交通大学举办中英低碳城市领域双边研讨会

2015 年 1 月 21 日，由我校举办的“中英低碳城市领域双边研讨会”在成都举行。出席的中方代表有中国工程院院士刘加平，国家自然科学基金委员会国际合作局副局长鲁荣凯，以及工程与材料科学部副主任车成卫；英方代表有英国工程与自然科学研究理事会的 Glenn·Goodall、Jason·Green 等专家。此次研讨会设置了低碳交通、智慧 / 节能建筑和低碳供暖 / 制冷三个主题，促进了中英两国在相关领域的合作交流与研究。

【会议二】西南交通大学成功举办 2015 首届中国建筑科普讲堂系列活动

7 月 3 ~ 4 日，由中国建筑学会主办、西南交通大学建筑与设计学院承办的 2015 中国建筑科普讲堂成功举办，同时开展了中国建筑科普基地揭牌仪式——成为全国首批 6 个“中国建筑学会科普教育基地”之一。自西南交通大学建筑与设计学院科普基地成立以来，通过“科普周”、“实验竞赛月”、“建造节”等系列化、品牌化的活动形式，积极推进了中国的建筑科普教育。

【会议三】西南交通大学举办 2015 全国高等学校城乡规划学科专业指导委员会年

9 月 23 ~ 26 日，由全国高等学校城乡规划学科专业指导委员会主办、西南交通大学建筑与设计学院承办的 2015 年城乡规划学科专业指导委员会年会在西南交通大学隆重召开。住房和城乡建设部处长高延伟、专指委主任唐子来教授、四川省住房与城乡建设厅总规划师邱建教授，副校长冯晓云教授出席会议。参会代表还包括彭震伟、石楠、吴维平、Chris Webster、Vincent Nadin 等多名知名教授和专家，以及来自国内外 100 多所高水平高校和单位的 500 多名代表。

【会议四】西南交通大学举办 AAUA“城市的多价值体系：一个复合型文化品质机体的成长”国际论坛

9 月 25 日上午，亚洲城市与建筑联盟和亚洲设计学年奖组委会联合全国高等学校城乡规划学科专业指导委员会、西南交通大学建筑与设计学院，共同举办题为“城市的多价值体系：一个复合型文化品质机体的成长”的主题论坛。

【会议五】西南交通大学举办文化遗产与灾害对策国际学术论坛

10 月 17 日，西南交通大学建筑与设计学院成功举办“文化遗产与灾害对策”国际学术论坛及“世界遗产国际研究中心”正式揭牌活动。日本名古屋大学教授、中国国家外专局千人计划谷口元先生介绍了日本灾害频繁的背景下文化遗产防灾研究；另外，Sudarshan Raj Tiwari 教授、清华大学张杰教授、北京大学阙维民教授等专家都做了主题演讲，进一步推动了东西部合作和国际合作。

此外，西南交通大学建筑与设计学院积极邀请海内外知名教授进行学术讲座，如九州大学赵世晨副教授、东南大学王建国教授、日兴设计王兴田教授等，促进了建筑学科的学术交流，扩展了西部地区建筑城镇发展的新思维。

普通高等教育“十一五”国家级规划教材
普通高等教育土建学科专业“十二五”规划教材
高校建筑学专业指导委员会规划推荐教材

建筑节能（第三版）

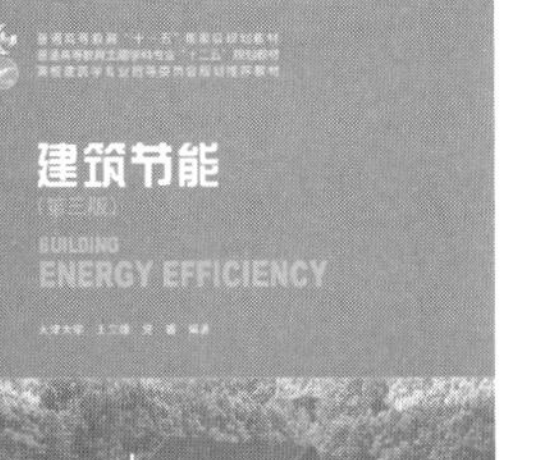

天津大学　王立雄　党睿　编著

出版时间：2015 年 11 月　开本：16 开　页数：285　估价：49.00 元

标准书号：ISBN 978-7-112-18344-9　征订号：27590

【内容简介】本书是在前版基础上，依照我国最新颁布的各种建筑节能标准，并增加了近几年出现的建筑节能新技术和工程实例而重新编写的。根据最新研究成果，本书对建筑平面尺寸与节能的关系、建筑体型与节能的关系、合理选择外墙保温方案等节的内容进行了重新编写，对书中全部例题进行了重编与计算。同时，新增了绿色建筑的评价、公共建筑节能设计方法、公共建筑设计能耗评价计算、以防热为主的外墙方案、遮阳系数评价计算等章节内容。这些修编工作使得本书体系更加完善，内容更加丰富。

普通高等教育土建学科专业“十二五”规划教材
高校建筑学专业规划推荐教材

建筑构造图解

同济大学　胡向磊　编著

出版时间：2015 年 4 月　开本：16 开　页数：226　估价：42.00 元

标准书号：ISBN 978-7-112-17367-9　征订号：26173

【内容简介】本书根据初学者特点，采用明晰的插图与简练的文字相结合的方式，系统介绍了建筑构造基础知识和基本设计方法。全书共11章，第1和第2章包括构造知识结构和设计制约因素，第3～7章包括建筑构造的基本原理和基础知识，第8～11章包括建筑构造设计生成、实例分析及阅读导引。本书可作为建筑学、城市规划等专业的教学参考用书，亦可供建筑工程技术人员阅读。

普通高等教育土建学科专业“十二五”规划教材
A+U高校建筑学与城市规划专业教材

太阳能建筑设计

华中科技大学　徐燊　主编

出版时间：2015 年 1 月　开本：16 开　页数：204　估价：39.00 元

标准书号：ISBN 978-7-112-17495-9　征订号：26696

【内容简介】作为普通高等教育土建学科专业“十二五”规划教材，本书在编写中体现了以下几点特色：①对各项太阳能技术的原理及其相关知识进行通俗易懂的介绍；②着重讲解了各项太阳能技术与建筑的集成与融合，通过图文并茂的方式来深入浅出地诠释各种太阳能与建筑集成模式的特点和设计要点；③对太阳能建筑相关的术语进行专门解析，突出相关规范和标准图集在太阳能建筑设计中的引导作用；④讲解了计算机模拟分析和辅助设计在太阳能建筑优化设计中的应用。

全国高等学校建筑学学科专业指导委员会建筑美术教学工作委员会推荐教材
中国建筑学会建筑师分会建筑美术专业委员会推荐教材
全国高校建筑学与环境艺术设计专业美术系列教材

建筑画表现技法

陈飞虎　主编

出版时间：2015 年 11 月　开本：16 开　页数：120　定价：49.00 元

标准书号：ISBN 978-7-112-18498-9　征订号：27730

【内容简介】建筑画是建筑师与设计同行、项目主管、委托方等进行交流的“载体”，它注重设计思维的演绎及对建筑与环境等三维空间的感知，它既是一种理性、准确、客观的图面语言，又是具有欣赏性和创造性的表现建筑之美的艺术作品。本书是全国高校建筑学与环境艺术设计专业美术系列教材中的一本，内容主要包括建筑画概述、建筑画的特点、建筑画的色彩、建筑画表现技法、建筑画与建筑设计等五部分。

聚焦徽州村落——2014 年 8+1 联合毕业设计作品

韩孟臻　李早　张建龙　张彤　许蓁　褚冬竹　罗卿平　王佐　程启明　编

出版时间：2015 年 03 月　开本：16 开　页数：298　定价：128 元

标准书号：ISBN 978-7-112-17868-1　征订号：27073

【内容简介】本书主要内容包括清华大学、合肥工业大学、同济大学、东南大学、天津大学、重庆大学、浙江大学、北京建筑大学、中央美术学院等9所院校的毕业设计作品；设计主题是“建构”，具体题目是安徽省古徽州地区黟县际村的村落改造与建筑设计。本次毕业设计题目的课题研究是毕业设计教学对学生设计研究能力培养的回归和对日常生活的回归，注重对具体的使用者以及对空间原型的研究。具体的联合毕业设计的成果，不同学校还是表现出各自鲜明的特点，有的注重空间概念的呈现，有的注重设计的技术深度，整体较为多元化。

语境——2015 年 8+1+1 联合毕业设计作品

王一　韩孟臻　张彤　孔宇航　龙灏　罗卿平　马英　虞大鹏　苏剑鸣　翟辉　编

出版时间：2015 年 11 月　开本：16 开　页数：231　估价：99.00 元

【内容简介】本书记录了同济大学、清华大学、东南大学、天津大学、重庆大学、浙江大学、北京建筑大学、中央美术学院、合肥工业大学、昆明理工大学等10所院校的毕业设计作品；设计主题是“语境——云南大理古城北水库区域城市更新设计”。本书对历史文化名城的更新与发展中，如何通过城市设计与建筑设计，从建筑学的角度对传统古城保护与现代城市发展之间，在区域定位、空间布局、居民生活等方面的诸多矛盾、问题进行了思考与反馈。

国家科学技术学术著作出版基金资助出版

建筑品质——基于工艺技术的建筑设计与审美

北京市建筑设计研究院有限公司　国萃　著

出版时间：2015 年 11 月　**开本**：16 开　**页数**：195　**估价**：58.00 元

标准书号：ISBN 978-7-112-18173-5　**征订号**：27394

【内容简介】本书是基于建筑师对工艺技术与建筑表现形式之间关系的思考而提出的概念。它描绘了在建筑设计全过程，材料、工具、动力、人等工艺技术相关因素对于建筑审美的影响，认为凡高品质建筑一定是精湛的工艺技术的产物。建筑师只有将建筑形式落实到工艺技术中，才能够使建筑之美具有根深蒂固的生命力，才能够创作高品质的建筑作品。

云南传统建筑测绘——昆明理工大学建筑与城市规划学院测绘作业选编

何俊萍等　编

出版时间：2015 年 10 月　**开本**：16 开　**页数**：295　**定价**：80.00 元

标准书号：ISBN 978-7-112-18352-4　**征订号**：27606

【内容简介】昆明理工大学古建测绘课程自建筑学专业办学之时起（1983年）即已开设，并得以一直不间断的持续进行，迄今已开设30年。依托云南独特而丰富的民居与地方建筑资源，把教学与科研紧密结合，对云南传统建筑进行了大量的调查与测绘，测绘地点遍布云南村村寨寨，也形成了丰硕的成果。本书包括古建测绘教学的基本框架及教学概况，云南传统民居的概况以及部分测绘作业的成果选编。

2015
《中国建筑教育》

“清润奖”大学生论文竞赛
TSINGRUN Award Students' Paper Competitio

主　办:

《中国建筑教育》编辑部

北京清润国际建筑设计研究有限公司

全国高等学校建筑学专业指导委员会

中国建筑工业出版社

承　办:

《中国建筑教育》编辑部

深圳大学建筑与城市规划学院